리튬이온전지 설계의 기초

Fundamentals of lithium-ion battery design

권태균 지음

리튬이온전지 설계의 기초

Fundamentals of lithium-ion battery design

인　쇄 : 2025년 2월 10일 초판 1쇄
발　행 : 2025년 2월 24일 초판 1쇄

저　자 : 권태균
발행인 : 송 준
발행처 : 도서출판 홍릉
주　소 : 01093 서울시 강북구 인수봉로 50길 10
등　록 : 1976년 10월 21일 제5-66호

전　화 : 02-999-2274~5, 903-7037
팩　스 : 02-905-6729
e-mail : hongpub@hongpub.co.kr
http://www.hongpub.co.kr
ISBN : 979-11-5600-265-9(93560)

정　가 : 25,000원

리튬이온전지 설계의 기초

권태균 지음

Fundamentals of lithium-ion battery design

도서출판 홍릉

저자소개

권태균

〈학력 사항〉
- 한국과학기술원(KAIST) 생명화학공학과 (박사) (2009.9. ~ 2013.8.)
- 서울대학교 화학생물공학부 (석사) (2007.3 ~ 2009.8.)
- 중앙대학교 화학공학과 (학사) (2003.3 ~ 2007.2.)

〈경력 사항〉
- 청주대학교 에너지융합공학과 조교수 (2024.03. ~ 현재)
- 삼성전기㈜ 중앙연구소 수석연구원 (2019.05. ~ 2024.02.)
- ㈜LG화학 기술연구원 정보전자소재연구소 책임연구원 (2014.02. ~ 2019.04.)
- 한국과학기술원(KAIST) 응용과학연구소 박사후연구원 (2013.08. ~ 2014.01.)

〈수상〉
- 월간 우수 작품 선정 (밀리로드 TOP40) - 밀리의 서재 (2024.12.)
- Key Scientific Article - Advances in Engineering (Canada) (2023.4.)
- 핵심 특허상 - LG화학 기술연구원 (2015.12.)

〈저서〉
- 과학 커뮤니케이터 궤도의 지켜라 과학-4권 (재담미디어, 2024)
- 과학 커뮤니케이터 궤도의 지켜라 과학-3권 (재담미디어, 2023)
- 과학 커뮤니케이터 궤도의 지켜라 과학-2권 (재담미디어, 2023)
- 과학 커뮤니케이터 궤도의 지켜라 과학-1권 (재담미디어, 2023)
- 흔한남매 과학 탐험대-6권 (주니어김영사, 2022)
- 흔한남매 과학 탐험대-5권 (주니어김영사, 2022)
- 흔한남매 과학 탐험대-4권 (주니어김영사, 2022)
- 엑스맨 내게 물리의 비밀을 알려줘 (푸른들녘, 2021)
- 스파이더맨 내게 화학을 알려줘 (푸른들녘, 2020)
- 과학으로 읽는 역사유물 탐험기 (푸른들녘, 2019)
- 괴짜 과학자의 지구멸망 시나리오 (레드우드, 2018)

〈기고〉
- 한국경제신문(주니어 생글생글 - 세상에 이런 과학이?!) (2022.12.05. ~ 현재)

머리말

현대 사회의 핵심 동력인 에너지 기술 중에서도 전기화학적 에너지 변환 기술은 재생에너지 저장, 전기차, 휴대용 전자기기, 산업용 에너지 시스템 등 다양한 분야에서 중추적 역할을 담당하고 있다. 특히 리튬이차전지는 높은 에너지 밀도, 긴 수명, 우수한 충·방전 특성으로 차세대 에너지 저장장치의 핵심으로 자리잡았으며, 그 설계와 최적화 기술은 지속적인 연구개발의 대상이 되고 있다.

본서는 리튬이차전지의 설계와 최적화를 위한 핵심 개념을 체계적으로 정리하여, 기본 원리부터 소재 및 시스템 설계까지 포괄적으로 다룬다. 리튬이차전지는 전기화학 반응을 통해 화학 에너지를 전기 에너지로 변환하는 시스템으로, 그 성능은 내부 물질과 구조의 상호 작용에 크게 좌우된다. 이에 본서는 먼저 에너지 변환의 기초 개념을 살펴보고, 전기화학 반응의 원리와 열역학적 분석을 통해 배터리 성능의 결정 요인들을 고찰한다.

제1장 '에너지 변환의 기초'에서는 배터리의 작동 원리를 이해하는 데 필수적인 전기화학 반응과 열역학적 개념을 다룬다. 이차전지의 핵심인 산화·환원 반응과 전류 발생의 메커니즘을 설명하고, 깁스 자유에너지와 헬름홀츠 자유에너지가 충·방전 과정에 미치는 영향을 분석한다. 또한 전압 결정의 원리, 엔탈피와 엔트로피의 관계, 네른스트 방정식을 통한 전압 예측 및 최적화 방법을 제시한다. 나아가 시스템의 평형과 비평형 상태를 설명하며, 화학·열·압력 평형이 배터리의 성능과 수명에 미치는 영향을 탐구한다.

제2장 '물질 복합의 기초'에서는 배터리 소재 설계의 원리를 고찰한다. 리튬이차전지는 다양한 물질이 복합적 작용으로 구동되는 시스템으로, 개별 소재의 특성과 조합이 성능을 결정한다. 본 장에서는 물질 복합의 기본 개념, 연속상과 분산상의 특성, 복합재료의 분류를 다루고, 열역학적 변수(ΔGmix)의 최적화 방안을 제시한다. 특히 리튬 이온의 삽입·추출 과정에서 발생하는 전극, 전해질, 분리막의 구조 변화를 분석하여 전지의 내구성과 성능 향상을 위한 설계 전략을 제시한다.

머리말

본서는 또한 배터리 성능 최적화를 위한 다양한 분석 기법과 설계 원칙을 소개한다. 깁스 자유에너지를 활용한 전지 전압 예측, 네른스트 방정식을 통한 농도 변화 분석, 상평형 이론을 통한 소재 안정성 평가 등 실제 배터리 설계에 적용 가능한 이론적 프레임워크를 제공한다.

아울러 환경 변화에 따른 화학 반응의 조절과 열역학적 안정성 및 반응성의 최적화 방안을 제시하여 실험 연구와 산업 응용에 필요한 기초를 확립한다.

본서는 리튬이차전지 연구와 설계에 관심이 있는 학부생, 대학원생, 연구원, 엔지니어를 대상으로 한다. 전기화학, 재료과학, 열역학 등 다양한 학문적 배경을 바탕으로 리튬이차전지를 심도 있게 이해하고자 하는 독자들에게 이론적 기초와 실무적 지침을 제공할 것이다. 본서에서 다루는 개념들은 최신 연구 동향을 반영하고 있어, 향후 배터리 기술 발전의 토대가 될 것으로 기대한다.

리튬이차전지 기술은 지속적으로 발전하고 있으며, 새로운 소재와 설계 기술의 등장으로 더욱 효율적이고 지속가능한 배터리 개발이 가속화될 것이다. 본서가 배터리 설계와 연구에 매진하는 독자들에게 튼실한 이론적 기초와 실무적 통찰을 제공하여, 혁신적인 배터리 기술 개발에 기여하기를 기대한다.

차례

에너지 변환의 기초

1.1 전기화학적 반응: 산화와 환원 반응 ······ 3

1.2 자유에너지의 개념 ······ 5

1.3 깁스 자유에너지와 헬름홀츠 자유에너지 ······ 6

(1) 깁스 자유에너지와 개방 시스템 ······ 7

(2) 헬름홀츠 자유에너지와 폐쇄 시스템 ······ 8

(3) 깁스 자유에너지와 헬름홀츠 자유에너지의 차이점 ······ 8

1.4 깁스 자유에너지의 변화량(ΔG) ······ 9

1.5 엔탈피와 엔트로피 ······ 12

(1) 엔탈피(H): 시스템의 열 교환과 에너지 변화 ······ 12

(2) 엔탈피 변화(ΔH): 에너지의 흡수와 방출 ······ 14

(3) 엔트로피(S): 무질서도와 에너지 분포 ······ 15

(4) 자연계에서의 엔트로피와 맥스웰의 도깨비 ······ 18

1.6 깁스 자유에너지와 배터리 성능 최적화 ······ 19

(1) 깁스 자유에너지와 전지 전압 ······ 19

(2) 네른스트 방정식의 적용과 전압 변화 ······ 20

1.7 시스템의 평형 상태 ······ 22

(1) 화학 평형 ······ 22

(2) 열 평형 ······ 25

(3) 압력 평형 ······ 26

1.8 시스템의 비평형 상태와 반응 동력학 ······ 28

(1) 반응 속도 ······ 28

(2) 활성화 에너지 ······ 29

(3) 전이 상태 이론 ······ 31

차례

물질 복합의 기초

2.1 물질 복합의 개념 및 분류 ···· 36

(1) 상(Phase) ···· 36

(2) 연속상(Matrix)과 분산상(Reinforcement) ···· 37

(3) 복합재료의 분류 ···· 38

2.2 물질 복합의 열역학 ···· 44

(1) ΔG_{mix}와 자발성 ···· 44

(2) ΔG_{mix}의 감소를 위한 노력 ···· 45

2.3 고체 혼합물의 상평형 ···· 51

(1) 상평형의 개념과 이차전지에서의 중요성 ···· 51

(2) 상도(Phase Diagram)와 열역학적 분석 ···· 52

(3) 계면에서의 상호작용 ···· 55

2.4 리튬 삽입 및 추출 과정의 상평형 변화 ···· 63

(1) 양극의 상변화 ···· 63

(2) 음극의 상변화 ···· 76

(3) 전해질의 상변화 ···· 90

(4) 분리막의 상변화 ···· 129

종합 및 결론

(1) 에너지 변환 메커니즘의 이해 ···· 144

(2) 열역학적 관점에서의 설계 지침 ···· 145

(3) 시스템 평형 상태의 활용 ···· 146

(4) 반응 동력학 기반의 설계 최적화 ···· 147

(5) 네른스트 방정식을 활용한 전압 최적화 ···· 148

(6) 설계 및 운영에서의 응용 가능성 ···· 148

1.1 전기화학적 반응: 산화와 환원반응
1.2 자유에너지의 개념
1.3 깁스 자유에너지와 헬름홀츠 자유에너지
1.4 깁스 자유에너지의 변화량($\triangle G$)
1.5 엔탈피와 엔트로피
1.6 깁스 자유에너지와 배터리 성능 최적화
1.7 시스템의 평형 상태
1.8 시스템의 비평형 상태와 반응 동력학

에너지는 물리적, 화학적 변화를 일으킬 수 있는 능력으로, 여러 형태로 존재하며 서로 변환될 수 있다. 이차전지에서 에너지 변환은 이러한 개념을 실현하는 중요한 과정으로, 화학 에너지를 전기에너지로 변환하는 역할을 한다. 배터리는 내부에서 일어나는 화학 반응을 통해 전기에너지를 발생시키고, 이를 저장한 후 필요에 따라 방출하여 전력을 공급한다. 우리가 일상에서 사용하는 스마트폰이나 노트북의 배터리도 이러한 원리를 바탕으로 작동한다.

이처럼 에너지가 전기에너지로 변환되는 과정은 단순한 에너지 이동이 아닌 복잡한 열역학적 원리에 의해 지배된다. 특히, 배터리 내부에서 발생하는 전기화학적 반응은 산화 반응과 환원 반응을 통해 전자의 이동을 유도하며, 이때 전류가 생성된다. 산화 반응에서 물질은 전자를 방출하고, 환원 반응에서 다른 물질이 그 전자를 받아들이며, 이 과정이 전류의 흐름을 만든다. 이러한 전기적 흐름은 배터리의 성능을 좌우하는 중요한 역할을 하며, 열역학적 법칙에 따라 제어된다. 여기서 열역학 제1법칙은 에너지가 보존된다는 사실을 규정하고, 열역학 제2법칙은 에너지가 어떻게 분산되고 흐르며, 시스템의 효율에 어떤 영향을 미치는지를 설명한다.

배터리의 성능과 효율성을 이해하기 위해서는 엔탈피, 엔트로피, 그리고 깁스 자유에너지와 같은 열역학적 개념들을 고려해야 한다. 엔탈피는 시스템이 에너지를 흡수하거나 방출하는 양을 나타내고, 엔트로피는 시스템 내 에너지 분산의 정도를 의미한다. 이 두 요소를 결합한 깁스 자유에너지는 반응이 자발적으로 일어날 가능성을 결정하는 지표로, 특히 이차전지에서 화학 반응의 자발성을 판단하는 데 중요한 역할을 한다. 깁스 자유에너지가 음수일 때, 반응이 자발적으로 일어나며 이는 배터리의 작동 원리와 직결된다.

따라서, 본 장에서는 배터리에서 일어나는 에너지 변환의 기초 개념을 다루고, 전기화학적 반응을 통해 에너지가 어떻게 이동하고 변환되는지를 살펴볼 것이다. 나아가, 이러한 열역학적 개념들이 실제 배터리 작동에 어떻게 적용되는지 구체적으로 알아봄으로써, 배터리 성능을 최적화하고 효율을 높이는 방법을 제시할 것이다.

1.1 전기화학적 반응: 산화와 환원 반응

이차전지는 화학 에너지를 전기에너지로 변환하여 저장하고 필요할 때 방출하는 중요한 장치이다. 이러한 에너지 변환의 핵심은 전기화학 반응에 있으며, 그중에서도 산화 반응과 환원 반응이 가장 중요한 역할을 한다. 이 두 반응은 배터리에서 전자를 이동할 수 있게 하여 전류를 생성하고, 전기에너지를 안정적으로 저장하고 방출할 수 있도록 한다.

먼저, 산화 반응은 물질이 전자를 잃는 과정이다. 배터리 내부에서는 음극에서 주로 산화 반응이 일어나며, 이를 통해 물질은 전자를 방출하고, 이 방출된 전자는 외부 회로를 따라 이동하면서 전류를 생성하게 된다. 아연(Zn)을 예로 들면, 아연은 산화 반응을 통해 Zn^{2+} 이온으로 변환되면서 전자 두 개를 방출한다. 이때 방출된 전자는 배터리의 외부 회로로 나가 전선을 따라 이동하며, 그 결과로 전류가 발생하게 된다.

산화 반응이 중요한 이유는 배터리의 성능과 수명이 이 반응에 크게 의존하기 때문이다. 배터리에서 전류가 생성되는 과정은 산화 반응에서 방출된 전자에 의해 시작된다. 특히, 아연과 같은 금속이 산화될 때 발생하는 전자 방출은 배터리 내부의 전기에너지를 외부로 전달하는 중요한 역할을 한다. 이 반응이 일어나지 않으면 전자는 방출되지 않고, 배터리는 더 이상 전기를 공급할 수 없게 된다. 따라서 산화 반응은 배터리의 전류 생성을 가능하게 하며, 그 효율성은 배터리 성능의 핵심 요소가 된다. 산화 반응이 얼마나 효과적으로 일어나느냐에 따라 배터리의 전류 출력과 에너지 효율이 결정되며, 이를 통해 배터리는 지속적으로 전력을 안정적으로 공급할 수 있게 된다.

산화 반응은 일상생활에서도 자주 관찰할 수 있다. 가장 흔한 예로 금속이 녹스는 과정을 들 수 있다. 금속이 산소와 만나 전자를 잃고 산화되면, 금속 표면에 녹이 생긴다. 또 다른 예로, 우리 몸에서도 산화 반응이 발생한다. 우리가 섭취한 음식을 에너지로 변환할 때, 세포는 산소를 사용해 음식물에서 전자를 제거하고 이를 통해 에너지를 생산한다. 이처럼 산화 반응은 배터리뿐만 아니라, 일상생활과 생명 활동에 필수적인 역할을 한다.

반면, 환원 반응은 산화 반응과는 반대되는 과정으로, 물질이 전자를 받아들이는 과정이다. 산화 반응에서 방출된 전자는 반드시 환원 반응을 통해 다른 물질에 받아들여져야 전기 회로가 완성되고, 전류가 지속될 수 있다. 배터리에서 환원 반응은 주로 양극에서 일어나며, 이를 통해 전자가 다시 배터리 내부로 돌아와 전기 흐름이 유지된다.

예를 들어, 배터리 내부의 구리 이온(Cu^{2+})은 전자를 받아들여 구리 금속(Cu)으로 환원된다. 이 과정에서 구리 이온은 전자를 흡수하여 다시 안정된 금속 상태로 돌아가게 되며, 이는 배터리의 양극에서 일어나는 중요한 반응 중 하나이다. 이 환원 반응 덕분에 전자가 다시 배터리로 돌아올 수 있으며, 이로 인해 전류가 계속해서 흐를 수 있게 된다.

환원 반응도 산화 반응과 마찬가지로 우리 일상에서 찾아볼 수 있다. 녹 제거 과정을 예로 들어 보자. 녹슨 금속을 녹 제거제로 처리하면, 금속은 전자를 받아들여 다시 원래의 안정된 상태로 돌아간다. 이 과정에서 환원 반응이 일어나 금속이 본래의 강도를 회복하게 된다. 또한, 우리 몸에서도 환원 반응이 일어나며, 세포가 전자를 받아들여 안정된 상태로 변하고, 이를 통해 에너지를 얻게 된다.

결국, 산화 반응과 환원 반응은 배터리를 작동할 수 있게 하는 핵심적인 두 과정이다. 산화 반응을 통해 방출된 전자가 외부 회로를 따라 이동한 후, 환원 반응을 통해 다시 배터리 내부로 흡수됨으로써 전류가 생성되고 지속된다. 이 두 반응이 동시에 일어나야 배터리는 정상적으로 작동할 수 있으며, 반복적으로 충전과 방전을 통해 에너지를 계속해서 공급할 수 있게 된다.

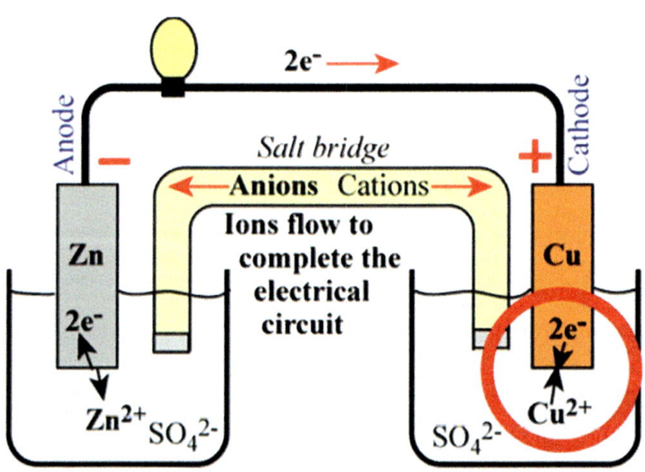

▲ 그림 Cu과 Zn을 두 전극으로 하는 Daniell cell의 작동 원리
(출처: https://doi.org/10.1021/acs.jchemed.8b00479)

1.2 자유에너지의 개념

에너지 변환 과정에서 자유에너지는 시스템의 상태 변화와 관련된 핵심적인 열역학적 개념이다. 시스템이 외부로부터 추가적인 에너지를 공급받지 않고도 자발적으로 변할 수 있는지를 결정하는 기준이 바로 이 자유에너지다. 이는 단순히 시스템이 가진 에너지의 총량을 나타내는 것이 아니라, 실제로 사용할 수 있는 에너지를 구분하여 시스템이 일을 할 수 있는 능력을 평가하는 데 필수적이다.

자연계에서, 많은 과정은 자발적으로 일어난다. 예를 들어, 물이 높은 곳에서 낮은 곳으로 흐르거나, 고온의 물체가 주변으로 열을 방출하는 현상들은 시스템이 더 안정적인 상태로 변하려는 경향을 보여준다. 이처럼, 자발적 반응의 발생 여부는 자유에너지의 변화로 설명될 수 있다. 자발적인 반응은 일반적으로 시스템의 자유에너지가 감소하는 방향으로 진행되며, 이를 통해 시스템은 더 안정된 상태로 변화하게 된다.

자유에너지의 개념을 더 깊이 이해하려면, 시스템이 가진 총 에너지 중 실제로 사용할 수 있는 유효 에너지와 사용할 수 없는 에너지를 구분하는 것이 중요하다. 일을 할 수 없는 에너지는 주로 시스템의 엔트로피(S)와 관련이 깊다. 엔트로피는 시스템 내 무질서도를 나타내며, 엔트로피가 증가할수록 일을 할 수 없는 에너지가 많아진다. 자연계의 모든 시스템은 엔트로피가 증가하는 방향으로 나아가며, 이를 통해 시스템은 더 안정된 상태로 변한다.

자유에너지는 시스템이 외부 환경에 변화를 일으킬 가능성을 평가하는 도구이기도 하다. 시스템이 높은 자유에너지를 가질수록 외부에 더 큰 변화를 일으킬 수 있으며, 자유에너지가 낮을수록 시스템은 더 안정된 상태에 놓인다. 이러한 자유에너지의 변화를 이해하면, 자연계에서 일어나는 다양한 물리적·화학적 변화를 설명할 수 있다.

특히 배터리와 같은 에너지 저장 장치에서 자유에너지는 매우 중요한 역할을 한다. 배터리는 내부에서 화학 반응을 통해 전기에너지를 생성하고 저장하는데, 이 과정에서 자유에너지의 변화가 배터리의 성능을 결정하는 요소가 된다. 배터리가 충전된 상태에서는 높은 자유에너지를 가지고 있어 외부에 전기에너지를 공급할 수 있다. 반면, 방전된 상태에서는 자유에너지가 감소하여 에너지를 더는 전달할 수 없게 된다. 배터리 내부에서 일어나는 이러한 에너지 흐름은 자유에너지의 변화에 따라 좌우된다.

자유에너지의 개념은 열역학 제2법칙과 밀접하게 연결되어 있다. 자연계의 모든 자발적 과정은 시스템의 엔트로피(무질서도)가 증가하는 방향으로 진행되며, 그 결과로 자유에너지는 감소한다. 시스템이 엔트로피가 증가하는 방향으로 이동하면서 자유에너지는 줄어들고, 그 과정에서 시스템은 더 안정된 상태에 도달하게 된다. 이러한 원리는 배터리의 방전 과정에서도 볼 수 있다. 배터리가 방전되면서 내부의 자유에너지가 감소하고, 전기에너지가 외부로 방출된다. 이는 배터리가 더 안정된 상태로 변해가는 과정의 일부이다.

또한, 충전과 방전 과정에서 자유에너지가 어떻게 변하는지를 이해하면, 배터리의 효율과 수명을 예측하는 데 도움이 된다. 충전 시에는 외부로부터 에너지를 받아들여 자유에너지를 축적하며, 방전 시에는 이 축적된 자유에너지를 외부로 방출해 전기에너지를 공급하게 된다. 이러한 자유에너지의 흐름을 이해하는 것은 배터리와 같은 시스템이 에너지를 어떻게 저장하고 방출하는지를 설명하는 데 매우 중요한 역할을 한다.

결론적으로, 자유에너지는 시스템이 일을 할 수 있는 능력을 나타내며, 자발적인 반응과 에너지 변환을 설명하는 핵심적인 열역학적 개념이다. 자유에너지는 시스템이 어떻게 에너지를 저장하고, 외부에 방출하며, 더 안정된 상태로 변화할 수 있는지를 예측하는 데 필수적인 도구다. 이를 통해 배터리와 같은 에너지 변환 장치의 작동 원리를 이해하고, 성능을 최적화할 수 있는 근거를 마련할 수 있다.

1.3 깁스 자유에너지와 헬름홀츠 자유에너지

열역학에서 시스템이 에너지를 변환하거나 일을 할 수 있는 능력을 평가할 때, 시스템의 형태를 이해하는 것이 중요하다. 시스템은 개방 시스템과 폐쇄 시스템으로 구분되며, 두 시스템의 차이는 깁스 자유에너지와 헬름홀츠 자유에너지가 어떤 상황에서 사용되는지를 결정짓는다.

개방 시스템은 외부와 물질이나 에너지를 자유롭게 교환하는 시스템이다. 즉, 시스템 내부의 물질이나 에너지가 외부로 빠져나가거나 외부로부터 유입될 수 있는 상태이다. 예를 들어, 배터리는 개방 시스템이다. 배터리 내부에서 화학 반응이 일어날 때 전자가 전극 사이를 이동하며 전기

에너지가 외부로 전달된다. 또한, 배터리를 충전할 때는 외부 전기에너지를 받아들인다. 이처럼 물질과 에너지를 외부와 교환하는 시스템이 개방 시스템이다.

반면, 폐쇄 시스템은 외부와 물질을 교환하지 않지만, 에너지는 교환할 수 있는 시스템이다. 예를 들어, 밀폐된 용기 안에 있는 기체는 물질이 외부로 나가지 않기 때문에 폐쇄 시스템에 해당한다. 이 기체는 외부에서 열을 받아 팽창하거나 압축될 수 있으며, 이러한 에너지 변화를 설명하기 위해 헬름홀츠 자유에너지가 사용된다.

이 두 시스템의 특성에 맞춰 깁스 자유에너지와 헬름홀츠 자유에너지가 각각 정의되고, 다양한 조건에서 사용된다.

(1) 깁스 자유에너지와 개방 시스템

깁스 자유에너지(G)는 온도와 압력이 일정한 조건에서 시스템이 자발적으로 일을 할 수 있는 에너지를 나타낸다. 이는 개방 시스템에서 주로 사용되며, 특히 배터리와 같은 에너지 변환 시스템에서 중요한 개념이다. 배터리 내부의 화학 반응은 외부와 에너지를 교환하며, 깁스 자유에너지를 통해 이러한 반응이 자발적으로 일어날 수 있는지를 평가할 수 있다.

깁스 자유에너지는 $G = H - TS$라는 수식으로 정의된다. 여기서 H는 시스템의 총 열에너지(엔탈피), T는 절대 온도, S는 엔트로피를 나타낸다. 엔트로피는 시스템의 무질서도가 증가할수록 커지며, 엔트로피가 커질수록 사용할 수 없는 에너지가 많아진다. 온도와 엔트로피의 곱인 TS는 사용할 수 없는 에너지의 양을 나타낸다. 반면, $H - TS$는 실제로 시스템이 일을 할 수 있는 유효 에너지를 나타낸다.

깁스 자유에너지가 음수일 때, 시스템은 자발적으로 에너지를 방출할 수 있는 상태에 있다. 예를 들어, 배터리가 방전될 때, 내부의 화학 반응이 자발적으로 일어나 전기에너지를 외부로 방출하는 현상이 이에 해당한다. 반대로 깁스 자유에너지가 양수일 경우, 시스템은 외부로부터 추가적인 에너지를 공급받아야만 반응이 일어난다. 배터리가 충전될 때 외부 전기에너지를 공급받아 화학 반응이 진행되는 것이 그 예다.

깁스 자유에너지는 배터리의 성능을 평가하는 중요한 열역학적 도구다. 배터리 내부에서 화학 반응이 얼마나 자발적으로 일어나는지를 예측할 수 있으므로, 이를 통해 전위차와 같은 배터리의 특성을 분석할 수 있다. 전위차는 전자가 한 전극에서 다른 전극으로 이동할 때 발생하는 에너지를 의미하며, 배터리가 얼마나 많은 전기(maximum electrical work, $w_{ele,max}$)를 생성하거나 저장할 수 있는지를 판단하는 데 중요한 요소다.

(2) 헬름홀츠 자유에너지와 폐쇄 시스템

헬름홀츠 자유에너지(A)는 온도와 부피가 일정한 조건에서 시스템이 자발적으로 일을 할 수 있는 에너지를 나타낸다. 이는 폐쇄 시스템에서 사용되며, 부피가 일정하게 유지되는 상황에서 시스템의 에너지 변화를 설명하는 수식이다. 헬름홀츠 자유에너지는 $A = U - TS$로 정의된다. 여기서 U는 시스템의 내부 에너지를 나타내며, T는 절대 온도, S는 엔트로피로 시스템의 무질서도를 나타낸다.

이 수식은 시스템이 가진 총 에너지에서 엔트로피와 온도에 의해 사용할 수 없는 에너지를 제외한 유효 에너지를 나타낸다. 엔트로피가 클수록 시스템 내 무질서도가 높아지며, 그에 따라 일을 할 수 있는 에너지는 줄어든다.

헬름홀츠 자유에너지는 부피가 일정하게 유지되는 시스템에서 에너지가 어떻게 변하는지를 설명하는 데 유용하다. 예를 들어, 밀폐된 용기 안에 있는 기체가 외부의 열을 받아 팽창하거나 압축되는 상황을 설명할 때 적합하다.

(3) 깁스 자유에너지와 헬름홀츠 자유에너지의 차이점

두 개념은 모두 시스템이 일을 할 수 있는 유효 에너지를 나타낸다. 깁스 자유에너지와 헬름홀츠 자유에너지는 모두 시스템의 총 에너지에서 엔트로피에 의해 사용하지 못하는 에너지를 제외하는 방식으로 정의되지만, 시스템의 상태와 조건에 따라 각기 다른 상황에서 사용된다. 깁스 자유에너지는 온도와 압력이 일정한 개방 시스템에서 사용되며, 헬름홀츠 자유에너지는 온도와 부피가 일정한 폐쇄 시스템에서 사용된다.

배터리와 같은 에너지 변환 시스템에서는 깁스 자유에너지가 매우 중요한 역할을 한다. 배터리 내부에서 일어나는 화학 반응이 자발적으로 일어나는지 평가할 수 있으며, 이를 통해 배터리의 성능을 최적화할 수 있다. 에너지 밀도, 충전 속도, 방전 효율 등을 최적화하기 위해 깁스 자유에너지를 분석하는 것이 필수적이다. 깁스 자유에너지는 배터리 전극에서 일어나는 화학 반응이 얼마나 효율적으로 진행되는지 예측하고, 새로운 재료를 선택하는 과정에서도 중요한 도구로 사용된다.

결국 깁스 자유에너지는 배터리와 같은 개방 시스템에서 필수적인 도구로, 이를 통해 배터리의 성능을 평가하고 최적화할 수 있다. 헬름홀츠 자유에너지는 부피가 일정한 시스템에서 유용하게 사용되지만, 배터리처럼 외부와 에너지를 교환하는 상황에서는 깁스 자유에너지가 더 적합하다.

1.4 깁스 자유에너지의 변화량(ΔG)

깁스 자유에너지의 변화량(ΔG)는 화학 반응이나 물리적 변화가 자발적으로 일어날 수 있는지를 결정하는 중요한 열역학적 지표이다. ΔG는 시스템이 변화하는 과정에서 에너지가 어떻게 이동하고 변환되는지를 보여주며, 이를 통해 반응이 자발적으로 일어날 수 있는지, 아니면 외부로부터 추가적인 에너지를 공급받아야 하는지를 판단할 수 있다.

ΔG는 반응의 진행 방향을 예측하는 데 있어 핵심적인 역할을 한다. 시스템이 자발적으로 변할 때, ΔG는 음수를 나타낸다. 이때 시스템은 자유에너지를 방출하며, 더 안정적인 상태로 이동하게 된다. 반면, ΔG가 양수일 때는 시스템이 자발적으로 반응하지 않고, 외부에서 에너지를 공급받아야만 반응이 일어날 수 있다. ΔG가 0인 경우는 시스템이 평형 상태에 도달했음을 의미하며, 에너지의 변동이 없는 안정적인 상태로 남게 된다.

자발적인 반응은 자유에너지가 감소하는 방향으로 진행된다. ΔG가 음수라는 것은, 반응 과정에서 시스댐이 가지고 있는 자유에너지가 줄어들고, 그 결과로 에너지가 외부로 방출된다는 의미이다. 이는 자연계의 기본적인 원리로, 시스템이 더 안정된 상태로 가기 위해 에너지를 방출하려는 경향을 반영한다. 에너지를 잃음으로써 시스템은 질서 있는 상태에서 무질서한 상태로 변하고, 이 과정에서 엔트로피(무질서도)가 증가한다. 이러한 변화는 열역학 제2법칙에 따라 자연스럽게 일어난다.

Species	relative to the free atoms H°(kJ/mol)	G° (kJ/mol)	IE (kJ/mol)	Species	relative to the free atoms H°(kJ/mol)	G°(kJ/mol)	$\Delta_{hydr}H^\circ$ (kJ/mol)
$H_2(g)$	−436 (bond)	−406.5		$H^+(aq)$	+162	+210	−1150
$O_2(g)$	−498 (bond)	−463.5		$OH^-(aq)$	−1076[b]	−1006[b]	
$H_2O(l)$	−971 (bonds + cond)	−875.5					
	Cohesive				IE + Hydration		
Li(s)	−158	−126.7	519	$Li^+(aq)$	−58	−7	−578
Fe(s)	−416	−370.7	2320	$Fe^{2+}(aq)$	+254	+368	−2068
Ni(s)	−430	−384.5	2490	$Ni^{2+}(aq)$	+276	+395	−2213
Cu(s)	−338	−298.6	2703	$Cu^{2+}(aq)$	+486	+592	−2217
Zn(s)	−131	−95.2	2639	$Zn^{2+}(aq)$	+475	+583	−2164
Cd(s)	−112	−77.2	2499	$Cd^{2+}(aq)$	+572	+670	−1927
Pt(s)	−565	−520.5	2661	$Pt^{2+}(aq)$	~440	+538	~-2220

▲ 표 배터리 설계를 위한 수치 자료 (엔탈피와 자유에너지)
(출처: https://doi.org/10.1021/acs.jchemed.8b00479)

$$Zn(s) + Cu^{2+}(aq) \rightarrow Cu(s) + Zn^{2+}(aq)$$

$$\Delta_r G^\circ_{ZnCu} = G^\circ_{Cu(s)} + G^\circ_{Zn^{2+}(aq)} - (G^\circ_{Zn(s)} + G^\circ_{Cu^{2+}(aq)})$$
$$= (G^\circ_{Cu(s)} - G^\circ_{Zn(s)}) + (G^\circ_{Zn^{2+}(aq)} - G^\circ_{Cu^{2+}(aq)})$$

$$\Delta_r G^\circ_{ZnCu} = \overline{w}_{ele,max} = -\ 213\ kJ/mol$$

▲ 식 Zn/Cu 전지화학 반응의 깁스 자유에너지 계산

$\triangle G$가 음수일 때 반응이 자발적으로 일어나는 이유는 시스템이 안정된 상태로 가려는 경향 때문이다. 자연계에서 시스템은 항상 자유에너지를 낮추어 보다 안정적인 상태로 이동하려 한다. 더 낮은 자유에너지를 가진 상태는 외부로 에너지를 방출한 상태로, 시스템이 더 이상 추가적인 일을 하지 않는 안정된 상태에 도달했음을 의미한다. 따라서 시스템이 높은 에너지 상태에서 낮은 에너지 상태로 변하면서 자유에너지가 감소하고, 그 결과 $\triangle G$가 음수가 된다. 이때 자유에너지가 감소하며, 에너지가 외부로 방출되면 반응은 자발적으로 일어난다. 이를 비유하자면, 물이 높은 곳에서 낮은 곳으로 자연스럽게 흐르듯이, 시스템 내의 에너지도 더 낮은 에너지 상태로 자연스럽게 이동하는 것이다.

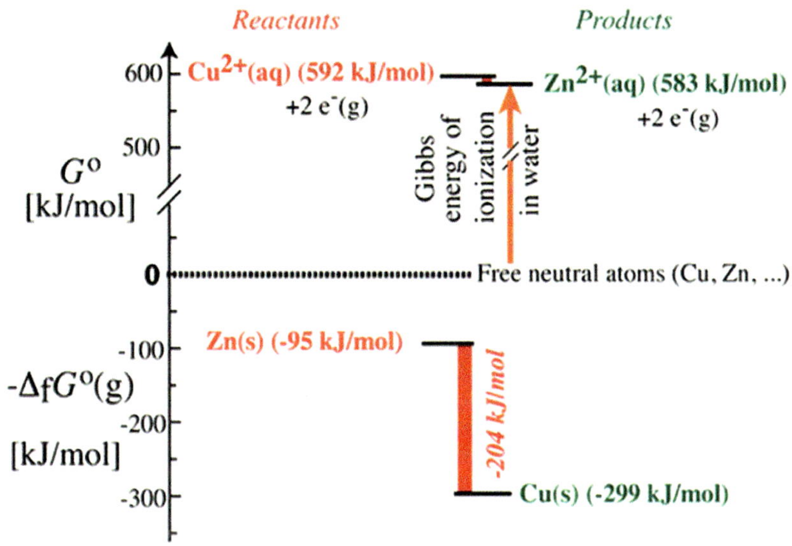

▲ 그림 배터리를 구성하는 Zn과 Cu 금속의 깁스 자유에너지
(출처: https://doi.org/10.1021/acs.jchemed.8b00479)

ΔG의 변화는 다음과 같은 수식으로 설명된다.

$$\Delta G = \Delta H - T\Delta S$$

이 수식에서 ΔH는 반응 중에 발생하는 엔탈피 변화로, 이는 반응이 흡열(열을 흡수)인지 발열(열을 방출)인지를 나타낸다. T는 절대 온도이며, ΔS는 엔트로피 변화로, 시스템이 얼마나 무질서해졌는지를 나타낸다. 이 수식에 따르면, ΔG가 음수가 되기 위해서는 ΔH(엔탈피 변화)가 작거나 발열 반응이어야 하고, ΔS(엔트로피 변화)가 크거나 무질서도가 증가해야 한다. 두 요인 중 하나라도 크게 변화하면 ΔG는 음수가 되어 반응이 자발적으로 일어난다.

얼음이 녹아 물로 변하는 과정은 ΔG가 음수인 대표적인 사례이다. 얼음은 물보다 더 질서정연한 구조로 되어 있지만, 온도가 상승하면 얼음이 녹으면서 시스템의 엔트로피(무질서도)가 증가한다. 이때 엔트로피가 증가하여 ΔG가 음수로 변하게 되며, 이로 인해 얼음이 자발적으로 녹는 현상이 발생한다. 이 과정은 외부에서 추가적인 에너지를 공급하지 않아도 자연스럽게 진행된다.

반대로, ΔG가 양수일 때는 반응이 자발적으로 일어나지 않는다. 예를 들어, 물을 얼음으로 만들기 위해서는 외부에서 에너지를 공급해야 한다. 물을 얼음으로 변화시키기 위해서는 시스템에 에너지를 추가로 제공해야 하고, 이 과정에서 ΔG는 양수로 나타난다. 즉, 에너지를 공급하지 않으면 물이 얼음으로 변하지 않는다. 배터리의 충전 과정도 이와 유사하다. 충전 시에는 외부로부터 전기에너지를 공급받아야만 내부의 화학 반응이 일어날 수 있다. 이때 ΔG는 양수로 나타나며, 외부의 에너지가 필요함을 의미한다.

ΔG가 0인 경우는 시스템이 평형 상태에 도달했음을 나타낸다. 평형 상태에서는 시스템 내에서 에너지가 더는 이동하지 않으며, 반응은 양방향에서 같은 속도로 일어나게 된다. 예를 들어, 얼음과 물이 함께 있는 상태에서 온도가 0℃일 때, 얼음이 녹는 속도와 물이 얼어붙는 속도가 같아지며, ΔG가 0으로 나타난다. 이때 시스템은 더 이상 자발적으로 변하지 않고, 역동적인 균형 상태를 유지하게 된다.

이러한 ΔG의 개념은 배터리와 같은 에너지 저장 장치에서 매우 중요한 역할을 한다. 배터리의 방전 과정에서는 내부에서 자발적으로 화학 반응이 일어나면서 전자가 이동하고, 그 결과 ΔG는 음수로 나타난다. 이는 시스템이 자발적으로 전기에너지를 외부로 방출할 수 있음을 의미한다. 반대로, 충전 과정에서는 외부에서 전기에너지를 공급받아야만 내부 반응이 일어나므로, ΔG가 양수로 나타난다. 이와 같은 ΔG의 변화를 이해하면 배터리의 충전 속도, 방전 효율, 에너지 저장 용량 등을 예측할 수 있으며, 이를 통해 배터리의 성능을 최적화할 수 있다.

1.5 엔탈피와 엔트로피

깁스 자유에너지의 변화를 이해하기 위해서는 두 가지 중요한 열역학적 개념인 엔탈피(H)와 엔트로피(S)를 깊이 있게 다룰 필요가 있다. 이 두 요소는 시스템 내에서 에너지가 어떻게 변하고, 어떤 방식으로 이동하는지를 설명하는 핵심 역할을 한다. 각각의 개념을 통해 깁스 자유에너지에 대한 깊은 이해를 도울 수 있다.

(1) 엔탈피(H): 시스템의 열 교환과 에너지 변화

엔탈피(H)는 시스템이 외부와 열을 교환할 때 발생하는 에너지 변화를 설명하는 데 필수적인 역할을 한다. 시스템이 열을 흡수하거나 방출하는 과정에서, 그 에너지가 시스템 내부에서 어떻게 변하는지를 나타낸다. 이 개념은 열역학에서 매우 중요한 요소로, 시스템의 에너지가 외부 환경과 상호작용하는 방식을 이해하는 데 도움을 준다.

엔탈피는 다음과 같은 수식으로 정의된다.

$$H = U + PV$$

여기서 U는 시스템의 내부 에너지, P는 압력, V는 부피를 나타낸다. 이 수식은 시스템이 내부적으로 보유하고 있는 에너지(내부 에너지)에, 외부 환경에 대해 일을 할 때 압력과 부피의 곱을 더한 값이다. 즉, 시스템이 열을 주고받거나 일을 하면서 발생하는 총 에너지를 나타낸다.

더 구체적으로 살펴보면, 내부 에너지(U)는 시스템 내부에서 입자들이 움직이거나 상호작용하는 과정에서 발생하는 에너지를 모두 포함하는 개념이다. 즉, 시스템이 내부적으로 보유하고 있는 모든 에너지의 총합이라고 볼 수 있다. 압력(P)과 부피(V)는 시스템이 외부에 일할 때 중요한 요소로, 시스템이 팽창하거나 수축하면서 외부에 미치는 영향을 설명한다.

결국, 엔탈피(H)는 시스템이 외부로부터 에너지를 흡수하거나 방출할 때 발생하는 전체 에너지 변화를 나타내는 지표로 이해할 수 있다.

엔탈피는 시스템이 외부로부터 열을 흡수하거나 열을 방출하는 과정에서 에너지가 어떻게 변하는지를 설명하는 데 매우 중요한 역할을 한다. 예를 들어, 시스템이 열을 흡수하면 내부 에너지(U)가 증가하고, 이로 인해 시스템의 엔탈피도 증가하게 된다. 반대로, 시스템이 열을 방출하면 내부 에너지가 감소하면서 엔탈피도 줄어든다.

이 과정을 물리적으로 살펴보면, 시스템이 열을 흡수할 때 입자들의 운동이 활발해지면서 내부 에너지가 증가하고, 압력과 부피(PV)의 변화가 발생한다. 이러한 에너지 변화는 외부 환경과 상호작용하는 시스템의 상태를 설명하는 중요한 척도이다. 엔탈피는 이러한 에너지 교환 과정을 통해 시스템의 전체 에너지 상태를 나타낸다.

엔탈피의 개념을 이해하기 위한 좋은 예로 물이 끓을 때의 상황을 들 수 있다. 물이 가열되어 열을 흡수하면 내부 에너지가 증가하고, 물은 액체 상태에서 증기 상태로 변환된다. 이 과정에서 물의 부피가 증가하고, 외부에 대해 일을 하게 된다. 즉, 물은 증기로 변하면서 외부로부터 열을 흡수하여 내부 에너지가 증가하고, 그로 인해 엔탈피도 함께 증가하는 것이다.

이 과정은 엔탈피가 시스템 내 열 교환과 에너지 변화를 설명하는 데 어떻게 중요한 역할을 하는지를 보여주는 대표적인 사례이다.

반대로, 시스템이 열을 방출하여 내부 에너지를 잃는 냉각 과정에서는 엔탈피가 감소한다. 냉장고의 경우, 내부 물질이 외부로 열을 방출하면서 내부 에너지가 감소하고, 그 결과 엔탈피도 줄어든다. 이는 시스템이 열을 외부로 내보내면서 에너지를 잃고, 내부 상태가 더 안정되거나 낮은 에너지 상태로 변하는 과정을 설명한다.

냉장고 내부의 물질이 외부로 열을 방출함으로써 내부 온도가 낮아지고, 물질이 냉각되는 과정을 통해 엔탈피가 감소하는 원리를 알 수 있다. 이와 같은 엔탈피 변화는 시스템이 외부와 열을 주고받으며 에너지가 어떻게 이동하고 변하는지를 설명하는 중요한 지표이다.

(2) 엔탈피 변화(ΔH): 에너지의 흡수와 방출

엔탈피 변화(ΔH)는 시스템이 외부로부터 열을 흡수하거나 방출하는 과정에서 일어나는 에너지 변화를 설명하는 열역학적 개념이다. ΔH는 시스템이 에너지를 교환하면서 상태가 변할 때, 그 에너지가 어떻게 이동하는지를 보여준다. 이 과정에서 시스템은 내부 에너지를 변화시키며, 외부 환경과의 열 교환에 의해 에너지가 증가하거나 감소한다.

엔탈피 변화는 다음과 같은 수식으로 표현된다.

$$\Delta H = \Delta U + P\Delta V$$

여기서 ΔU는 시스템의 내부 에너지 변화를 나타내며, $P\Delta V$는 압력과 부피의 변화를 의미한다. 이 수식을 통해, 시스템이 열을 흡수하거나 방출하며 내부적으로 어떤 변화를 겪었는지를 알 수 있다.

발열 반응은 시스템이 외부로 에너지를 방출하는 과정이다. 이때 ΔH는 음수가 되며, 시스템은 내부의 에너지를 외부로 내보내면서 전체 에너지가 줄어든다. 대표적인 예로는 연소 반응이 있다. 나무나 석탄이 연소될 때, 내부 에너지가 감소하고, 그 결과 시스템이 외부로 많은 열을 방출하게 된다.

발열 반응은 시스템이 스스로 안정된 상태로 변화하는 경향을 반영한다. 에너지를 외부로 방출함으로써 시스템의 내부 에너지는 줄어들고, 그 과정에서 엔탈피가 감소하게 된다. 예를 들어, 캠프파이어에서 나무가 타는 현상은 외부로 열을 내보내는 발열 반응의 좋은 예로, 시스템이 열을 방출하면서 더 낮은 에너지 상태로 이동하는 과정이다.

반대로, 흡열 반응은 시스템이 외부로부터 에너지를 흡수하는 과정이다. 이때 ΔH는 양수가 되며, 시스템 내부의 에너지가 증가한다. 대표적인 예로는 얼음이 녹아 물로 변하는 과정을 들 수 있다. 이 과정에서 얼음은 주변 환경에서 열을 흡수하여 물로 변화하게 된다. 이때 흡수된 열 에너지는 시스템 내부로 축적되며, 엔탈피는 증가하게 된다.

흡열 반응에서는 시스템이 외부에서 받은 에너지를 저장하고, 이를 통해 상태 변화가 일어난다. 얼음이 물로 변할 때 주변의 열이 흡수되면서 분자들이 더 활발히 움직이게 되고, 그로 인해 시스템은 더 높은 에너지 상태로 변환된다. 이때 엔탈피는 흡수된 열의 양만큼 증가하며, 시스템의 상태 변화가 완성된다.

엔탈피 변화(ΔH)는 시스템이 열을 교환하는 과정에서 얼마나 많은 에너지를 흡수하거나 방출했는지를 나타낸다. ΔH가 음수일 때는 시스템이 외부로 열을 방출하여 발열 반응이 일어나고, 시스템의 엔탈피가 감소한다. 반면, ΔH가 양수일 때는 시스템이 외부에서 열을 흡수하여 흡열 반응이 일어나며, 시스템의 엔탈피가 증가한다.

이를 통해 우리는 시스템의 상태 변화를 이해할 수 있다. 발열 반응에서는 시스템이 에너지를 내보내며 더 낮은 에너지 상태로 이동하는 반면, 흡열 반응에서는 시스템이 에너지를 받아들이며 내부 에너지가 증가하게 된다. 이러한 엔탈피 변화는 시스템이 외부와 상호작용하는 과정을 설명하고, 자연계의 여러 반응에서 에너지가 어떻게 이동하는지에 대한 중요한 정보를 제공한다.

(3) 엔트로피(S): 무질서도와 에너지 분포

엔트로피(S)는 열역학에서 시스템의 무질서도와 에너지 분포를 설명하는 핵심 개념이다. 이는 단순히 무질서의 정도를 넘어, 시스템 내 입자들이 얼마나 다양한 방식으로 배열될 수 있는지를 나타내며, 자연계의 자발적인 변화가 어떤 방향으로 진행되는지를 이해하는 데 중요한 역할을 한다. 열역학 제2법칙에 따르면, 고립된 시스템은 시간이 지남에 따라 엔트로피가 증가하는 방향으로 변화한다. 이는 에너지가 점차 균일하게 분포되고, 무질서도가 커지는 현상으로 설명된다.

$$S = k_B \ln \Omega$$

수학적으로 엔트로피는 위와 같이 표현된다. 여기서 k_B는 볼츠만 상수로 온도와 에너지의 관계를 나타내며, Ω는 시스템이 가질 수 있는 미시적 상태의 수, 즉 입자들이 배열될 수 있는 경우의 수를 의미한다. Ω가 클수록 엔트로피는 증가하며, 이는 시스템이 더 다양하게 존재할 수 있음을 의미한다. 이를 통해, 엔트로피는 시스템 내 에너지가 얼마나 효율적으로 분포되는지를 나타내며, 자발적인 변화가 일어나는 방향을 예측할 수 있게 한다.

엔트로피는 단순히 무질서도의 척도에 그치지 않고, 시스템이 다양한 상태로 존재할 가능성을 나타내는 값이다. 엔트로피가 높다는 것은 시스템이 더 많은 배열 상태를 가질 수 있으며, 에너지가 더 균등하게 분포된 상태임을 의미한다. 자연계에서 대부분의 자발적인 변화는 엔트로피 증가 방향으로 진행된다. 이는 시스템이 열적 평형 상태에 도달하려는 경향을 보여준다.

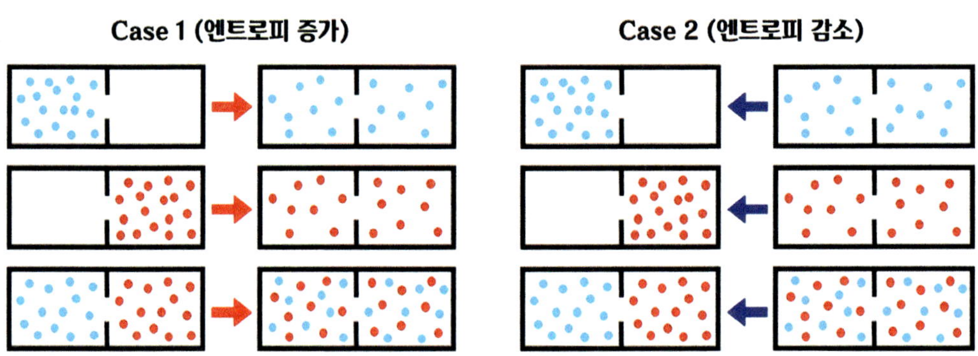

▲ 그림 엔트로피의 증가 및 감소 상황

엔트로피 변화(ΔS)는 시스템의 무질서도가 얼마나 변했는지를 나타낸다. 시스템이 열을 흡수하면 입자들이 더욱 자유롭게 움직일 수 있어 엔트로피가 증가한다. 이는 시스템 내 에너지가 더 불규칙하게 퍼지는 것을 의미한다. 반대로, 시스템이 열을 잃게 되면 입자들이 좀 더 정렬된 상태로 변화하여 엔트로피가 감소한다. 예를 들어, 기체가 작은 용기에 압축되면 입자들의 이동이 제한되고 엔트로피는 감소한다. 반대로, 기체가 더 넓은 공간으로 확산될 때 엔트로피는 증가하게 된다. 이러한 엔트로피 변화는 자연계의 자발적인 과정에서 중요한 역할을 하며, 시스템이 어떻게 에너지를 분산시키고 평형 상태로 이동하는지를 보여준다.

이러한 엔트로피 변화는 다음의 수식으로도 표현될 수 있으며, 가역 과정에서 시스템에 주어지는 열이 엔트로피 변화와 어떻게 관련되는지를 나타낸다.

$$\triangle S = \int \frac{dQ_{rev}}{T}$$

이 식은 열이 시스템에 공급될 때, 그 열이 엔트로피에 미치는 영향이 온도에 따라 달라진다는 것을 보여준다. 예를 들어, 온도가 낮은 상태에서는 동일한 양의 열이라도 더 큰 엔트로피 변화를 일으킬 수 있다. 이는 저온에서는 입자들이 비교적 정렬된 상태를 유지하고 있기 때문에, 작은 열의 변화에도 입자들의 움직임이 크게 활성화되고 무질서도가 크게 증가하기 때문이다. 얼음을 예로 들어보면, 고체 상태의 물질에 열을 가할 때, 입자들이 고정된 결정 구조에서 벗어나 자유롭게 움직이는 액체 상태로 전환된다. 이때 온도가 낮을수록 열의 작은 변화에도 엔트로피의 증가가 크게 나타난다.

반면, 이미 온도가 높은 상태의 시스템에서는 입자들이 활발하게 움직이고 있으므로, 같은 열량이 추가되더라도 엔트로피의 변화는 상대적으로 적다. 예를 들어, 끓고 있는 물에 열을 더 가할 경우, 물 분자들은 이미 높은 에너지를 지니고 있어 추가된 열이 엔트로피에 미치는 영향이 미미하다. 이는 시스템이 이미 높은 무질서 상태에 있어, 추가된 에너지가 엔트로피를 크게 변화시키지 못하기 때문이다.

이러한 관계는 엔트로피의 변화가 단순히 공급된 열의 양에 의해서만 결정되는 것이 아니라, 열이 공급될 당시의 온도에 따라 달라진다는 점을 강조한다. 이를 통해 우리는 엔트로피 변화에 대해 더 깊이 이해할 수 있으며, 열역학적 과정에서 시스템이 에너지를 어떻게 분산하고 평형 상태로 도달하는지를 예측할 수 있다. 온도와 열의 상호작용은 시스템의 에너지 흐름과 상태 변화를 설명하는 중요한 요소로 작용한다.

결론적으로, 엔트로피(S)는 시스템의 무질서도와 에너지의 분포를 이해하는 데 필수적인 열역학적 개념이다. 엔트로피가 증가한다는 것은 시스템을 구성하는 분자들의 위치가 더 다양해짐을 의미하며, 에너지가 더욱 고르게 분포된 상태로 변화함을 나타낸다. 이는 자연계에서 자발적인 변화가 일어나는 방향을 설명하며, 열역학 제2법칙의 중요성을 잘 보여준다.

(4) 자연계에서의 엔트로피와 맥스웰의 도깨비

자연계에서 엔트로피가 증가하는 경향은 피할 수 없는 법칙으로, 열역학 제2법칙에 의해 설명된다. 이 법칙은 고립된 시스템에서 시간이 지남에 따라 엔트로피가 증가하는 방향으로 변화가 진행된다고 말한다. 그러나 19세기 물리학자 제임스 클러크 맥스웰은 이 법칙에 흥미로운 질문을 던졌다. 그는 '만약 엔트로피의 자연스러운 증가를 막을 수 있는 존재가 있다면 어떻게 될까?' 라는 생각을 바탕으로 맥스웰의 도깨비(Maxwell's Demon)라는 사고 실험을 제안했다.

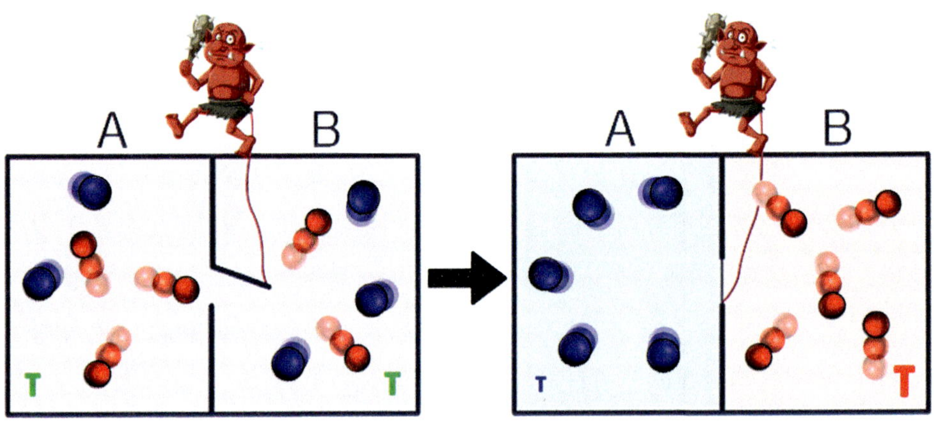

▲ 그림 맥스웰의 도깨비 개념

맥스웰의 도깨비는 매우 영리하고 신속하게 움직이는 가상의 존재로, 두 개의 방 사이에 있는 작은 문을 통제한다. 도깨비는 빠르게 움직이는 고에너지 분자만을 한쪽 방으로 통과시키고, 느리게 움직이는 저에너지 분자는 다른 방으로만 통과시킨다. 결과적으로 한 방은 점점 더 뜨거워지고 다른 방은 점점 차가워지는 상태가 된다. 이 과정은 열의 자연스러운 흐름을 역행하여, 고온과 저온의 균형을 깨고 엔트로피를 감소시키는 것처럼 보인다.

하지만 이 사고 실험에는 중요한 함정이 숨겨져 있다. 도깨비가 분자들의 속도를 인지하고 문을 여닫기 위해서는 정보를 처리하고 작업을 수행해야 한다. 이 과정에서 에너지를 소모하고, 결과적으로 시스템 전체의 엔트로피는 여전히 증가하게 된다. 즉, 도깨비가 아무리 문사늘을 구분하며 열의 흐름을 조절하려 해도, 그 과정에서 발생하는 에너지 소비와 정보 처리로 인해 총 엔트로피는 감소하지 않고 오히려 증가한다는 것이다.

이 사고 실험은 엔트로피의 본질을 깊이 이해하는 데 큰 도움을 준다. 맥스웰의 도깨비는 겉으로는 엔트로피가 감소하는 듯 보이지만, 시스템 전체를 고려할 때는 불가능하다는 것을 보여준다. 이로써 자연계에서의 자발적인 변화가 항상 엔트로피 증가 방향으로 진행된다는 열역학 제2법칙의 타당성을 더욱 강조한다.

자연계에서 엔트로피가 증가하는 과정은 다양한 예시를 통해 확인할 수 있다. 두 개의 온도 차가 있는 물체가 접촉했을 때, 열은 높은 온도의 물체에서 낮은 온도의 물체로 이동하면서 시스템의 엔트로피가 증가하고, 결국 열적 평형에 도달한다. 이는 자연계의 자발적인 과정이 엔트로피를 증가시키며, 보다 균일한 에너지 분포를 이루려는 경향이 있다는 것을 보여준다.

맥스웰의 도깨비 실험은 엔트로피의 개념을 직관적으로 이해할 수 있게 해주는 동시에, 정보와 에너지 사이의 상관관계를 탐구할 기회를 제공한다. 이 실험은 열역학과 정보 이론이 연결되는 지점을 제시하며, 정보가 에너지를 다루는 방식에도 영향을 미친다는 현대 물리학의 중요한 교훈을 담고 있다.

결국, 자연계의 엔트로피는 모든 자발적인 과정에서 증가할 수밖에 없으며, 맥스웰의 도깨비조차 이 법칙을 어길 수는 없다. 이는 자연이 더욱 무질서한 상태로 나아가려는 본질적인 성질을 설명하며, 우리가 관찰하는 모든 자발적인 변화가 엔트로피 증가를 동반한다는 점을 뒷받침한다.

1.6 깁스 자유에너지와 배터리 성능 최적화

전지에서 전기에너지는 화학 에너지의 변환을 통해 생성된다. 이때, 깁스 자유에너지는 전지의 전압과 직접적으로 관련이 있다. 화학 반응이 자발적으로 일어날 수 있는지를 결정하는 깁스 자유에너지는 전압과 연결됨으로써, 전지의 성능과 작동 원리를 이해하는 데 중요한 역할을 한다. 이를 통해 전지의 에너지 효율성과 출력 성능을 분석하고 최적화할 수 있다.

(1) 깁스 자유에너지와 전지 전압

깁스 자유에너지(Gibbs free energy)는 화학 반응의 자발성을 나타내는 중요한 열역학적 개념이다. 이는 시스템이 화학 반응을 통해 얼마나 자발적으로 일을 할 수 있는지를 평가하는 기준이 된다. 전기화학적 전지에서 깁스 자유에너지는 전압과 밀접하게 연결되어 있으며, 이를 통해 전지가 얼마나 효율적으로 에너지를 변환할 수 있는지를 설명할 수 있다.

전지의 작동 원리를 이해하기 위해서는 표준 상태라는 개념을 먼저 살펴봐야 한다. 표준 상태란, 일반적으로 온도 298 K(25℃), 압력 1기압(101.3 kPa), 그리고 용액의 농도가 1 M인 조건을 말한다. 이러한 조건에서 깁스 자유에너지 변화($\Delta G°$)와 전압의 관계는 다음과 같이 표현된다.

$$\Delta G° = -nFE°$$

위의 관계식에서 n은 반응에 참여하는 전자의 수를 나타내며, 이는 전지의 반응 메커니즘에 따라 달라진다. F는 패러데이 상수로, 약 96,485 C/mol이다. 이는 전자 1몰이 가지는 전하량으로, 전기 화학에서 중요한 역할을 한다. 한편, $E°$는 표준 전압으로, 전지의 전기화학적 포텐셜 차이를 의미하며, 전자가 전극 사이를 이동할 때의 전위차를 나타낸다.

이 식에서 $\Delta G°$가 음수일 때, 전지 반응은 자발적으로 일어날 수 있다. 자발적이라는 것은 추가적인 에너지를 공급하지 않아도 반응이 자연적으로 진행될 수 있다는 것이다. 이 경우, 전지는 외부에 전기 에너지를 공급할 수 있다. 즉, 전지가 전기를 생산할 수 있는 조건이 되는 것이다. 또한, $\Delta G°$의 절대값이 커질수록 $E°$도 증가하게 된다. 이는 전지가 더 많은 전기를 생성할 수 있는 능력을 갖추고 있다는 것을 의미한다.

방전 시 전지 내에서는 전자가 음극에서 양극으로 이동하고, 이 전자의 흐름이 곧 전류로 나타난다. 전자가 이동하는 동안 발생하는 에너지는 깁스 자유에너지 변화에 의해 정량화되며, 전지의 전압은 이 에너지 차이에 따라 달라진다. 전지가 자발적으로 작동하기 위해서는 깁스 자유에너지 변화가 음수이어야 하며, 이때의 변화량이 충분히 커야 전지의 효율적인 에너지 변환이 가능하다. 이러한 개념을 통해 전지의 설계와 최적화가 가능하며, 고효율 전지를 개발하는 데 필수적인 이론적 기반을 제공한다.

(2) 네른스트 방정식의 적용과 전압 변화

네른스트 방정식은 전기화학적 전지에서의 전압 변화를 이해하는 데 필수적인 수식으로, 전지의 반응물과 생성물 농도에 따라 전압이 어떻게 변화하는지를 설명한다. 이 방정식은 화학 반응이 표준 상태에서 벗어났을 때 전지 전압이 어떻게 달라지는지를 보여주며, 다음과 같이 표현된다.

$$E = E^{\circ} - \frac{RT}{nF} \ln Q$$

여기서 E는 전지의 실제 전압을 의미하고, E°는 전지의 표준 전위로, 특정한 온도와 압력, 농도에서 화학 반응이 자발적으로 일어날 때의 전기화학적 포텐셜을 나타낸다. 또한, R은 기체 상수, T는 절대 온도, n은 반응에 참여하는 전자의 수, F는 패러데이 상수로 전자 하나의 전하량을 나타낸다. 마지막으로 Q는 반응물과 생성물의 농도 비율을 의미하는 반응 지수로, 이는 전지의 화학 반응이 진행되는 동안 시스템의 상태를 나타낸다.

이 방정식의 왼쪽에는 전지의 실제 전압 E가 있고, 오른쪽에는 두 가지 주요 요소가 있다. 그 첫 번째는 표준 전위 E°이다. 이는 전지의 기본적인 전기적 특성을 반영하는 값으로, 주어진 조건에서 화학 반응이 얼마나 자발적으로 진행되는지를 나타낸다. 이 값이 클수록 전지의 전기적 성능이 우수해져 전기가 외부로 방출될 가능성이 커진다. 두 번째는 '$-RT/nF \times \ln Q$'로 표기된 보정 항이다. 이 항은 전지의 실제 전압이 표준 전위에서 얼마나 벗어나는지를 설명하며, 농도 비율인 Q가 크다는 것은 생성물의 농도가 상대적으로 높아지거나 반응물의 농도가 낮아진 상황을 의미한다. 따라서 반응이 평형에 가까워질수록 $\ln Q$는 양의 값($Q > 1$)을 가져 전압 E를 감소시키는 역할을 한다. 이는 전지가 방전되면서 반응물의 농도가 감소하고 생성물의 농도가 증가할 때 전압이 감소하는 이유를 잘 설명해준다.

또한, 네른스트 방정식의 우변 보정항에 포함된 RT을 통해, 온도가 높아질수록 표준 전위와 실제 전압의 차이가 더욱 벌어질 것이라는 걸 어렵지 않게 예상할 수 있다. 이는 고온에서 화학 반응이 더욱 활성화되어 입자들이 자유롭게 움직이며 반응 지수의 변화가 전압에 미치는 영향이 커지기 때문이다. 이와 같은 관계는 네른스트 방정식이 전지 반응의 자발성을 평가하는 중요한 도구임을 보여준다.

결국, 네른스트 방정식은 전지의 설계와 성능 최적화에 실질적으로 응용된다. 리튬 이온 배터리나 연료 전지와 같은 복합적인 전기화학 시스템에서 이 방정식은 전지 내부의 농도 변화와 전압 변화를 예측하는 데 중요한 도구로 사용된다. 네른스트 방정식은 전지의 상태를 진단하고, 충전 및 방전 과정에서 전압 손실을 최소화하는 방법을 모색할 수 있게 해준다. 예를 들어, 연료 전지에서는 연료와 산화제의 농도를 조절하여 최적의 전압을 유지하고 효율을 극대화할 수 있다. 이 방정식은 이러한 조절 과정에서 농도의 미세한 변화가 전지 전압에 미치는 영향을 계산할 수 있게 해주며, 전압 저하 현상을 분석하는 데에도 유용하다.

1.7 시스템의 평형 상태

일반적으로 평형 상태는 반응물과 생성물의 농도가 일정하게 유지되는 상태인 화학 평형을 의미하나, 열 평형, 압력 평형과 같은 다른 형태도 분명 존재한다. 이러한 다양한 평형 상태를 이해하는 것은 반응의 자발성과 에너지 변환 과정을 포괄적으로 이해하는 데 기여한다.

(1) 화학 평형

화학 평형은 화학 반응이 진행되는 동안 반응물과 생성물의 농도가 일정하게 유지되는 상태를 의미한다. 이 상태에서는 반응이 일어나는 속도와 생성물이 생성되는 속도가 같아져 더 이상 전체적인 농도나 에너지가 변화하지 않게 된다. 즉, 반응물과 생성물이 계속해서 서로 변환되고 있지만 그 농도는 일정하게 유지되는 동적 평형(dynamic equilibrium) 상태에 도달하게 된다. 이때의 화학 반응식은 다음과 같은 가역 반응의 형태로 나타낼 수 있다.

$$aA + bB \rightleftharpoons cC + dD$$

여기서 A와 B는 반응물, C와 D는 생성물이다. 화학 반응의 평형 상태에서 이들 각각의 농도는 일정하게 유지되며, 이는 시스템의 에너지가 안정화된 상태임을 나타낸다.

화학 평형에 대한 이해는 깁스 자유에너지 변화(ΔG)와 밀접하게 관련이 있다. 깁스 자유에너지는 시스템의 에너지를 나타내는 중요한 지표로, 이 값이 음수일 때 반응이 자발적으로 진행된다는 것을 의미한다. 이를 수식으로 표현하면 다음과 같다.

$$\Delta G = \Delta G^\circ + RT \ln Q$$

이 수식은 표준 상태에서의 에너지 변화(ΔG°)가 현재 반응 상태에서의 에너지 변화(ΔG)로 어떻게 변환되는지를 보여주는 중요한 관계식이다. 이 수식에서 ΔG°는 반응이 표준 조건(온도 298K, 압력 1기압, 모든 반응물의 농도 1M)에서 일어날 때 발생하는 깁스 자유에너지 변화를 나타낸다. 이 값은 반응이 자발적으로 일어나는지 여부를 판단할 수 있는 기준점이다. R은 기체 상수로, 8.314 J/(mol·K)의 값을 가지며, T는 절대 온도(K)로 반응이 일어나는 온도를 의미한다. 마지막으로, Q는 반응물과 생성물의 농도 비율을 나타내며, 현재 시스템이 평형 상태에서 얼마나 벗어나 있는지를 알려주는 척도이다. 이 Q 값을 통해 화학 반응의 진행 방향을 예측할 수 있으며, Q의 크기에 따라 반응이 정반응으로 진행될지, 혹은 역반응으로 진행될지를 결정할 수 있다. 따라서 Q는 화학 반응의 진행 방향을 결정짓는 데 있어 중요한 역할을 한다.

화학 반응이 진행되는 상황을 이해하기 위해서는 반응 지수 Q를 평형 상수 K와 비교하는 것이 매우 중요하다. 반응 지수 Q가 현재 시점에서의 반응물과 생성물의 농도 비율을 의미하는 한편, 평형 상수 K는 반응이 평형 상태에 도달했을 때의 반응물과 생성물의 농도 비율을 나타낸다. 평형 상태란 반응이 어느 방향으로도 더 이상 진전되지 않고, 반응물과 생성물의 농도가 일정한 상태를 말한다. 반응 지수 Q와 평형 상수 K는 각각 다음과 같이 표현된다.

$$Q = \frac{[C]^c[D]^d}{[A]^a[B]^b} \qquad K = \frac{[C]^c_{eq}[D]^d_{eq}}{[A]^a_{eq}[B]^b_{eq}}$$

여기서 대괄호는 각 성분의 농도를 나타내며, a, b, c, d는 반응식에서의 계수이다. 우리는 이 두 개(Q, K)의 수식에서 도출된 수치를 다음과 같이 서로 비교함으로써 시스템이 평형 상태($Q = K$)에 있는지, 아니면 평형을 향해 진행 중($Q < K$ 또는 $Q > K$)인지 파악할 수 있다.

E_{cell}	ΔG	Q&K Relationship	Reaction Direction	Spontaneity
> 0 (+)	< 0 (-)	Q < K	$aA + bB \rightarrow cC + dD$	Spontaneous
< 0 (-)	> 0 (+)	Q > K	$aA + bB \leftarrow cC + dD$	Non-spontaneous
= 0	= 0	Q = K	$aA + bB \rightleftharpoons cC + dD$	N/A

먼저, $Q < K$인 경우를 살펴보자. 현재 반응물의 농도가 평형 상태에서의 반응물 농도보다 높고, 반대로 생성물의 농도는 평형 상태에서의 생성물 농도보다 낮은 상태이다. 이러한 상황에서는 시스템이 평형 상태에 도달하기 위해 생성물을 더 많이 반들어내는 방향으로 반응을 진행하려 하므로, 정반응이 우세하게 일어난다.

다음으로, $Q > K$인 상황을 살펴보자. 이 경우 생성물의 농도가 평형 상태에서의 생성물 농도

보다 높고, 반응물의 농도는 평형 상태에서의 농도보다 낮은 상태이다. 따라서, 시스템은 평형을 맞추기 위해 역반응이 우세하게 진행되어 생성물의 농도를 줄이고 반응물의 농도를 높이려 한다.

마지막으로, $Q=K$인 경우를 살펴보자. 이 경우 시스템은 평형 상태에 놓여있다. 현재 시점에서 반응물과 생성물의 농도 비율이 평형일 때의 농도 비율과 같으며, 시스템은 더 이상 에너지적으로 변화하려는 경향이 없다. 이는 반응이 더 이상 자발적으로 진행되지 않고 정반응과 역반응이 동일한 속도로 진행되는 동적 평형 상태에 있음을 의미한다($\Delta G=0$). 이러한 상태에서는 화학 반응이 계속해서 일어나고 있지만, 정반응과 역반응의 속도가 같기 때문에 전체적으로는 농도의 변화가 없는 것처럼 보인다. 이때 $\Delta G°$는 다음과 같이 표현될 수 있으며, 평형 상수 K에 의해 그 값이 달라진다.

$$\Delta G° = -RT\ln K$$

이 수식은 표준 상태의 화학 반응이 평형 상태에 도달했을 때, 반응물과 생성물의 농도 비율에 기인하여 변화한 에너지양($\Delta G°$)을 나타낸다. 여기서 평형 상수 K는 반응의 자발성을 판단하는 중요한 요소로, 그 값이 클수록 $\Delta G°$는 그 절대값이 더욱 큰 음수 값을 갖는다. 이는 반응이 더 자발적으로 진행된다는 것을 의미한다.

한편, 반응 지수 Q와 평형 상수 K의 관계는 화학 평형에서 매우 중요한 원리인 르 샤틀리에의 원리와 밀접한 관련이 있다. 르 샤틀리에의 원리는 시스템이 평형 상태에 있을 때 외부의 변화가 가해지면, 그 변화를 최소화하며 평형 상태를 유지하려는 경향을 설명한다. 예를 들어, 반응물의 농도가 증가하면 시스템은 평형을 다시 맞추기 위해 생성물을 더 많이 형성하는 방향으로 반응을 일으킨다. 이는 시스템이 증가한 반응물의 농도를 줄이고 생성물의 농도를 늘려 평형 상태를 되찾으려 하기 때문이다. 반대로, 생성물의 농도가 증가할 경우에는 시스템이 반응을 역반응 방향으로 일으켜 생성물을 줄이고 반응물의 농도를 다시 높여 평형을 유지하려고 한다. 이처럼 시스템은 외부의 자극에 대응하여 정반응과 역반응의 균형을 조정하며 평형 상태를 찾아가는 경향을 보인다.

이 과정은 단순히 반응의 진행 방향을 조절하는 것 이상의 의미가 있다. 시스템은 변화된 조건을 억제하고 안정성을 회복하기 위해 지속적으로 스스로를 조정한다는 점에서 매우 동적이다. 예를 들어, 리튬 이온 배터리에서 전해질 내 리튬 이온의 농도가 변하면 배터리 시스템은 전자 이동과 리튬 이온의 재분포를 통해 평형을 유지하려고 한다. 이러한 동적인 평형 과정이 안정적인 배터리 성능을 보장하는 핵심 요소가 된다.

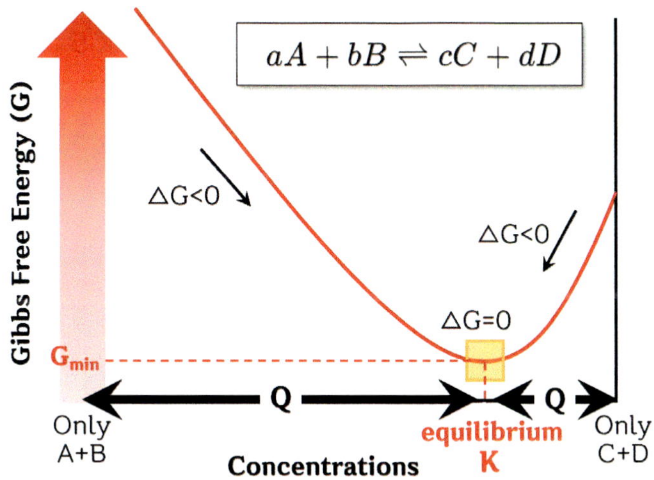

▲ 그림 물질의 농도에 따른 깁스 자유에너지 변화

(2) 열 평형

열 평형은 시스템 내에서 열 에너지가 균일하게 분포하여 모든 부분의 온도가 동일하게 유지되는 상태를 의미한다. 이 개념은 열역학과 화학 반응의 이해에 있어 중요한 요소로, 특히 전지와 같은 에너지 저장 장치에서 더욱 두드러진다. 열 평형을 이해하는 것은 전지의 성능, 안전성, 수명 등에 직접적인 영향을 미치기 때문에 필수적이다.

전지의 작동 원리를 이해하기 위해서는 화학 반응이 진행되는 동안 발생하는 열 에너지가 시스템의 온도에 미치는 영향을 고려해야 한다. 전지 내부에서 화학 반응이 일어나면, 생성물과 반응물 간의 에너지가 변동하게 되고 이 과정에서 열이 발생하거나 흡수된다. 이러한 열의 변화가 과도하게 발생하게 되면, 전지의 온도가 상승하고 이는 전지의 성능 저하 및 수명 단축의 원인이 된다. 따라서 적절한 열 관리를 통해 열 평형 상태를 유지하는 것이 매우 중요하다.

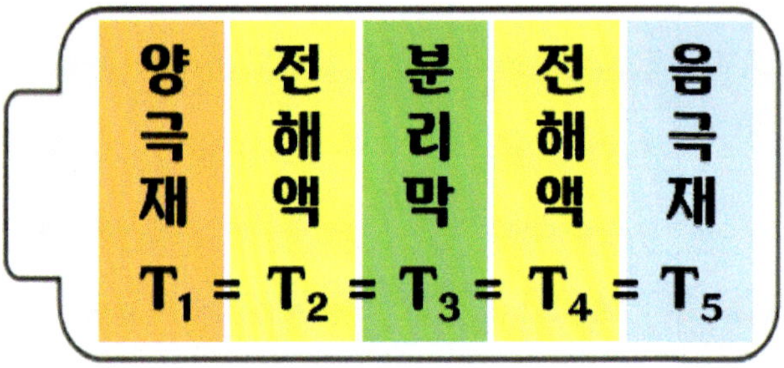

▲ 그림 열 평형 상태에 있는 전지의 내부

열 평형 상태에서는 모든 부분의 온도가 동일해지며, 이는 시스템 내의 모든 성분이 균일한 열적 조건을 갖추게 됨을 나타낸다. 즉, $T_1 = T_2 = T_3 = ...$ 로 표현될 수 있다. 이러한 상태에서는 열이 균일하게 분포되므로, 화학 반응의 진행 상황과 열적 에너지의 흐름을 예측할 수 있다. 예를 들어, 전지가 사용될 때, 전극에서의 화학 반응에 의해 생성된 열이 균일하게 분산되어야 전지의 성능이 안정적으로 유지될 수 있다.

또한, 열 평형을 유지하는 과정은 동적 평형 상태로 이어질 수 있다. 열 평형 상태에서 시스템 내의 모든 분자들이 자유롭게 운동하고 상호작용할 수 있는 상태에 있기 때문이다. 이렇게 되면 반응물과 생성물 사이의 에너지 교환이 활발하게 이루어지고, 이는 시스템 내에서 반응물과 생성물의 농도나 에너지가 일정하게 유지되는 동적 평형 상태를 형성하는 데 기여할 수 있다. 이러한 상태에서는 화학 반응이 지속적으로 진행되더라도 전체적인 상태가 일정하게 유지된다.

(3) 압력 평형

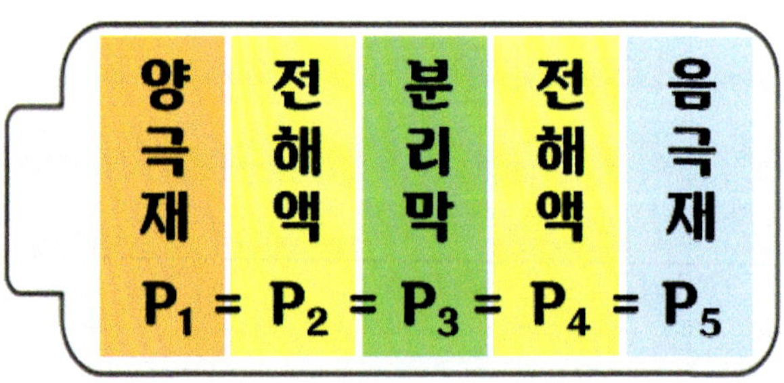

▲ 그림 압력 평형 상태에 있는 전지의 내부

압력 평형은 시스템 내에서 압력이 균일하게 분포하여 모든 부분의 압력이 동일하게 유지되는 상태를 의미한다. ($P_1 = P_2 = P_3 = \ldots$) 특히 리튬 이온 배터리와 같은 전지에서는 압력 평형의 이해가 필수적이다. 전지의 작동 중 화학 반응이 일어날 때, 내부의 리튬 이온이 이동하면서 압력의 변화가 발생할 수 있다. 이러한 압력 변화는 전지의 성능과 안정성에 직접적인 영향을 미치기 때문에, 이를 이해하고 관리하는 것이 중요하다.

리튬 이온 배터리 내부에서 화학 반응이 진행되면, 리튬 이온이 전극 사이를 이동하며 전기를 생성한다. 이때 이온의 이동은 전지 내부에서 가스 발생이나 전극의 팽창과 같은 물리적 변화를 유발할 수 있으며, 이로 인해 압력이 변동하게 된다. 특히 배터리 충전 및 방전 과정에서 리튬 이온의 농도가 변화하게 되는데, 이는 압력 변화를 초래하는 주요 원인 중 하나이다. 압력이 증가하면 시스템의 구조적 안정성에 영향을 미칠 수 있으며, 고온 환경에서는 이러한 현상이 더욱 두드러지게 나타난다.

리튬 이온의 농도가 변함에 따라 발생하는 압력 변화는 고온 작동 환경에서 더욱 심각한 문제가 될 수 있다. 예를 들어, 배터리의 온도가 상승하면 화학 반응의 속도가 증가하지만, 이와 동시에 리튬 이온의 이동이 원활해지면서 가스가 발생하고 압력이 상승할 수 있다. 만약 이러한 압력이 적절하게 관리되지 않으면, 배터리의 내부 구조가 손상되거나 안전성이 저하될 위험이 있다.

따라서 리튬 이온 배터리의 설계 및 운영에서 압력 평형을 유지하는 것은 필수적이다. 이를 위해 여러 가지 기술과 전략이 적용된다. 첫째, 압력 해소 구조를 설계하여 내부에서 발생하는 가스를 효과적으로 배출할 수 있는 통로를 마련하는 것이다. 이러한 구조는 압력이 비정상적으로 상승하는 것을 방지하는 데 도움을 준다. 둘째, 고온에서도 안정성을 유지할 수 있는 전해질 개발이 중요하다. 새로운 전해질은 가스 발생을 최소화하고 이온의 이동을 원활하게 하여 압력 변화를 줄일 수 있다. 셋째, 적절한 열 관리 시스템을 갖추는 것도 중요하다. 배터리의 온도를 제어하여 과도한 열이 발생하지 않도록 하면 압력 변화의 가능성을 줄일 수 있다. 예를 들어, 냉각 장치를 설치하여 배터리 내부의 온도를 일정하게 유지하는 방식이 있다. 마지막으로, 배터리의 상태를 정기적으로 점검하고 모니터링하는 것도 중요하다. 센서를 이용해 내부 압력을 끊임없이 감시하여, 압력이 비정상적으로 상승할 경우 즉각적인 조치를 할 수 있도록 시스템을 구축하는 것이다.

1.8 시스템의 비평형 상태와 반응 동력학

비평형 상태는 시스템이 평형 상태에 도달하지 않은 상태로, 반응물이 계속해서 변환되고 있음을 의미한다. 이러한 비평형 상태에서는 반응이 진행됨에 따라 시스템의 농도와 에너지가 지속적으로 변화하며, 이때 반응 속도와 활성화 에너지가 중요한 역할을 한다. 반응 속도는 시스템 내에서 반응물이 얼마나 빠르게 변환되는지를 나타내며, 이는 여러 요인에 의해 영향을 받는다. 이러한 요인들에는 반응물의 농도, 온도, 촉매의 존재 등이 포함된다.

(1) 반응 속도

반응 속도는 화학 반응에서 반응물이 얼마나 빨리 생성물로 변하는지를 수치적으로 나타내는 중요한 개념이다. 쉽게 말해, 반응 속도는 반응이 진행되는 속도를 보여주는 지표로, 반응물의 농도 변화가 시간에 따라 어떻게 일어나는지를 나타낸다.

반응 속도를 미분 형태의 수식으로 표현하면 다음과 같다.

$$r = -\frac{d[A]}{dt}$$

여기서 r은 반응 속도, $[A]$는 반응물 A의 농도, t는 시간을 의미한다. 이 식은 반응물 A의 농도가 시간에 따라 어떻게 변화하는지를 나타내며, 특히 농도가 감소하는 방향을 고려하여 음수 기호가 붙는다. 즉, 농도가 줄어드는 속도가 반응 속도로 정의되며, 이는 반응물이 시간에 따라 얼마나 빠르게 소비되는지를 측정할 방법이 된다.

반응 속도는 또한 다음과 같은 형태로 나타낼 수 있다.

$$r = k[A]^m [B]^n$$

여기서 k는 속도 상수로, 특정 반응의 속도를 결정하는 상수다. $[A]$와 $[B]$는 각각 반응물 A와 B의 농도를 나타내며, m과 n은 반응 차수로, 각 반응물의 농도가 반응 속도에 미치는 영향을 설명한다. 반응 차수는 실험적으로 결정되며, 예를 들어 A의 농도가 두 배로 증가하면 반응 속도는 2^m 배 증가하고, B의 농도가 두 배로 증가하면 반응 속도는 2^n 배 증가한다.

반응 차수는 각 반응물의 농도 변화가 반응 속도에 미치는 영향을 설명하는 데 중요한 역할을 하며, 일반적으로 다음과 같이 분류된다.

① **1차 반응** : 반응물의 농도에 따라 반응 속도가 선형적으로 증가한다. 즉, 반응 속도는 특정 반응물의 농도에 비례하여 증가하며, 반응 속도식은 다음과 같이 나타낼 수 있다.

$$r = k[A]$$

이때 A의 농도가 두 배로 증가하면 반응 속도도 두 배로 증가한다.

② **2차 반응**: 반응물의 농도 곱에 비례하여 반응 속도가 증가하며, 다음과 같은 두 가지 형태로 나타낼 수 있다.

$$r = k[A]^2$$

$$r = k[A][B]$$

이 경우 A 혹은 B의 농도가 두 배로 증가하면 반응 속도는 농도 곱에 의해 4배(=2^2) 증가한다.

반응 속도에 가장 큰 영향을 미치는 요소 중 하나는 바로 반응물의 농도이다. 농도가 높을수록 반응 속도가 증가하는 경향이 있다. 이는 반응물 분자가 많아지면 서로 충돌할 가능성이 커지고, 이 충돌이 화학 반응을 일으키는 원동력이 되기 때문이다. 예를 들어, 리튬 이온 배터리에서 리튬 이온의 농도가 높아지면, 전극 사이의 반응 속도가 빨라져 배터리의 출력이 증가한다. 하지만 농도가 너무 높아지면 반응이 불안정해질 수 있으므로, 적절한 농도 유지가 중요하다.

(2) 활성화 에너지

활성화 에너지(Activation Energy)는 화학 반응이 일어나는 데 필요한 최소한의 에너지를 의미한다. 반응을 일으키려면 반응물들이 서로 충돌하면서 기존의 화학 결합을 끊고 새로운 결합을 형성해야 한다. 그러나 모든 분자가 반응에 참여할 수 있는 것은 아니다. 반응물들이 충돌할 때 반드시 넘어서야 하는 일정한 에너지 장벽이 존재하며, 이 장벽을 넘는 데 필요한 에너지가 바로 활성화 에너지이다. 활성화 에너지가 낮을수록 반응물들이 이 장벽을 넘기가 쉬워져 반응이 빠르게 진행된다. 반대로, 활성화 에너지가 높을수록 반응물들이 장벽을 넘기 어려워 반응이 느리게 진행된다.

활성화 에너지는 아레니우스 식을 통해 반응 속도와 정량적으로 연결된다. 아레니우스 식은 반응 속도 상수와 활성화 에너지, 그리고 온도 사이의 관계를 수학적으로 나타내는 식으로, 다음과 같이 표현된다.

$$k = Ae^{-\frac{E_a}{RT}}$$

여기서, k는 반응 속도 상수로, 반응의 빠르기를 나타내는 값이다. A는 빈도 인자(frequency factor)로 반응물 분자들이 서로 충돌할 수 있는 빈도를 나타내며, 반응이 일어날 가능성을 포함한다. E_a는 활성화 에너지로, 반응을 일으키는 데 필요한 최소한의 에너지이다. R은 기체 상수(8.314 J/(mol·K))이며, T는 반응이 일어나는 절대 온도(K)를 의미한다.

위의 아레니우스 식은 반응 속도가 활성화 에너지와 온도에 따라 어떻게 달라지는지를 설명한다. 구체적으로, 온도가 증가하면 반응 속도 상수 k도 증가하는데, 이는 활성화 에너지를 넘을 수 있는 분자의 수가 증가하기 때문이다. 또한, 활성화 에너지가 낮을수록 더 많은 분자가 이 에너지를 초과하게 되어 반응이 더 쉽게 일어나고, 속도가 빨라진다.

이 과정을 이해하기 위해서는 볼츠만 분포와 온도 변화가 반응 속도에 미치는 영향을 생각해볼 수 있다. 반응물 분자들은 다양한 에너지를 가지고 있으며, 온도가 증가함에 따라 이 분자들의 에너지 분포도 변화하게 된다. 온도가 낮을 때는 활성화 에너지 이상을 가진 분자의 수가 적기 때문에 반응이 천천히 진행되지만, 온도가 높아지면 이 에너지를 넘는 분자의 수가 크게 증가하게 된다. 이를 아레니우스 식으로 설명할 때, 온도 T가 증가하면 $-\frac{E_a}{RT}$항이 커지고, 결과적으로 지수 함수의 값이 증가하면서 반응 속도 상수 k도 증가하게 된다.

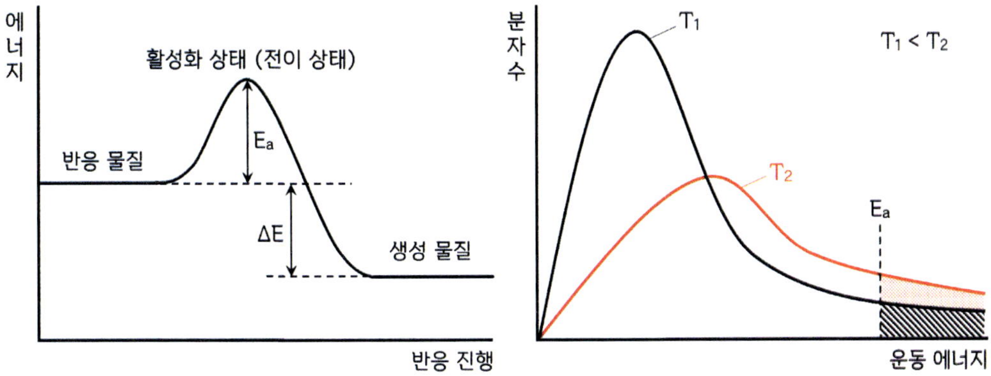

▲ 그림 반응 속도에 영향을 미치는 요소

활성화 에너지는 단순히 화학 반응이 시작될 때 필요한 에너지를 넘어서, 반응이 자발적으로 일어날 가능성을 평가하는 기준이 되기도 한다. 예를 들어, 촉매는 활성화 에너지를 낮추어 반응이 더 쉽게 일어나도록 돕는다. 촉매는 반응물들이 필요한 활성화 에너지 이하로도 반응할 수 있도록 반응 경로를 변경하거나 에너지를 분산시켜, 반응 속도를 크게 높인다. 이 과정에서 촉매 자체는 소모되지 않으며, 결과적으로 반응 속도만을 변화시킨다. 산업 공정에서 촉매의 역할은 매우 중요하며, 특히 에너지 절약과 반응 효율성을 극대화하는 데 필수적이다.

결론적으로, 활성화 에너지는 반응 속도와 자발성에 큰 영향을 미치는 중요한 요인이다. 아레니우스 식을 통해 우리는 활성화 에너지와 반응 속도 간의 관계를 명확히 이해할 수 있으며, 이를 바탕으로 화학 반응이 어떻게 진행될지를 예측하고 조절할 수 있다. 온도와 촉매의 변화는 활성화 에너지에 대한 영향을 통해 반응 속도를 제어하며, 이러한 원리는 다양한 화학 공정과 에너지 변환 장치에서 핵심적인 역할을 한다.

(3) 전이 상태 이론

앞서 기술된 아레니우스 식은 반응 속도가 온도에 따라 어떻게 변화하는지를 설명하며, 활성화 에너지를 낮춤으로써 반응 속도를 증가시킬 수 있음을 시사한다. 그러나 아레니우스 식은 활성화 에너지를 하나의 단일 값으로만 표현하여, 반응이 진행되는 복잡한 경로와 각 단계에서의 에너지 변화를 세부적으로 설명하기에는 한계가 있다.

이와 같은 한계를 극복하기 위해 등장한 것이 바로 전이 상태 이론(Transition State Theory)이다.

전이 상태 이론은 아레니우스 식의 단순한 에너지 장벽 개념을 넘어서, 반응 과정에서 여러 단계의 에너지 변화를 세부적으로 분석한다. 이 이론에서는 반응물이 생성물로 전환되는 과정에서 거치는 가장 높은 에너지 상태를 전이 상태라고 정의하며, 이 상태를 거쳐야만 반응이 일어난다고 설명한다. 전이 상태는 반응물과 생성물 사이에 존재하는 불안정한 활성화 복합체로, 이 상태를 넘어서야 생성물로 변환될 수 있다.

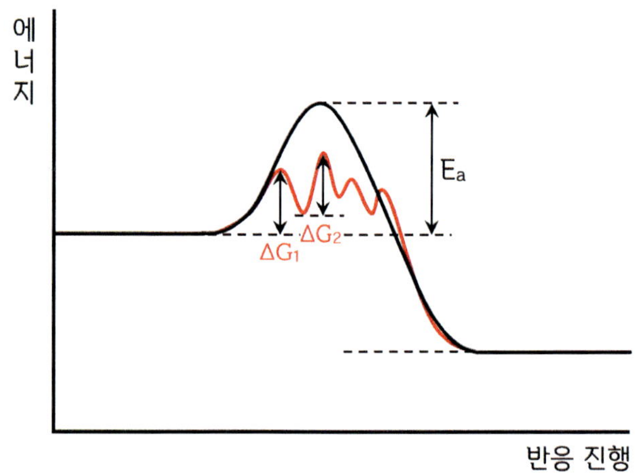

▲ 그림 전이 상태 이론의 개념

전이 상태 이론에서 반응 속도 상수(k)는 다음과 같은 수식으로 표현된다.

$$k = \frac{k_B T}{h} e^{-\frac{\Delta G^{\ddagger}}{RT}}$$

여기서, k_B는 볼츠만 상수로 온도에 따른 입자의 에너지 분포를 나타내고, h는 플랑크 상수로 미시 세계에서의 양자역학적 반응을 반영한다. $\Delta G^{\ddagger}$는 전이 상태에서의 깁스 자유에너지 변화로 전이 상태를 형성하는 데 필요한 에너지를 의미한다.

이 수식을 통해, 반응이 진행되는 동안 각 단계에서 필요한 에너지 변화를 더욱 세밀하게 분석할 수 있다. 전이 상태 이론은 활성화 에너지를 단순한 하나의 값으로 보는 것이 아니라, 반응 경로에서의 여러 에너지 변화를 깁스 자유에너지($\Delta G^{\ddagger}$)로 세분화하여 설명한다. 이는 반응이 진행되는 여러 경로와 그 과정에서의 에너지 상태를 구체적으로 이해하는 데 도움을 준다.

전이 상태 이론은 화학 반응이 단순히 반응물과 생성물 간의 전환이 아닌, 여러 에너지 장벽을 극복해야 하는 복잡한 과정임을 강조한다. 아레니우스 식은 단일 에너지 장벽을 넘는 것만을 고려하지만, 전이 상태 이론은 반응 경로에서 여러 개의 전이 상태를 설명하며, 단계마다 깁스 자유에너지 변화를 고려한다. 이를 통해 반응 속도뿐만 아니라 반응 경로에서의 에너지 소비와 생성 과정을 더 잘 이해할 수 있다.

이 이론은 촉매의 역할을 이해하는 데 특히 중요하다. 촉매는 반응 경로에서 전이 상태의 에너지를 낮춤으로써 반응 속도를 높인다. 이는 전지와 같은 에너지 저장 시스템에서 매우 중요한 의미가 있으며, 반응 효율성을 극대화하고 시스템의 안정성을 유지하는 데 큰 역할을 한다. 예를 들어, 리튬 이온 배터리에서 전해질과 전극 간의 반응에서 전이 상태의 에너지를 조절함으로써 충전 및 방전 속도를 최적화할 수 있다.

2.1 물질 복합의 개념 및 분류

2.2 물질 복합의 열역학

2.3 고체 혼합물의 상평형

2.4 리튬 삽입 및 추출 과정의 상평형 변화

이차전지는 에너지 저장의 효율성과 안정성을 극대화하기 위해 다양한 복합 재료 기술이 사용된다. 이러한 복합 기술을 활용하면 전지의 성능을 높일 수 있을 뿐만 아니라, 외부 환경의 변화에도 안정적으로 작동하는 전지를 구현할 수 있다. 특히, 이차전지에 적용되는 복합 재료는 여러 물질의 물리적, 화학적 특성을 결합하여, 단일 재료로는 얻기 어려운 성능을 확보하는 것을 목표로 한다.

이 장에서는 물질 복합의 기본적인 개념과 열역학적 기초를 살펴보며, 이차전지 설계에 필수적인 복합 재료의 다양한 특성과 그 복합화 방법을 다룰 것이다. 또한, 복합 재료의 성능을 객관적으로 평가하는 다양한 기준들을 제시하여, 복합화 과정에서의 최적화 방법에 대해 논의한다. 이를 통해, 이차전지와 같은 고도의 에너지 저장 장치에서 복합 재료의 역할과 중요성을 깊이 이해할 수 있을 것이다.

복합 재료의 설계는 전지의 성능을 좌우하는 핵심 요인 중 하나이며, 이를 최적화하기 위해선 복합 재료의 물리적, 열적, 전기적 특성을 균형 있게 고려해야 한다. 본 장의 세부 챕터들은 이러한 특성들을 다루며, 복합 재료의 분류와 복합화 방법, 그리고 다양한 평가 방식을 통해 물질 복합 기술이 이차전지 성능에 어떤 영향을 미치는지를 구체적으로 탐구할 것이다. 이를 통해 물질 복합의 원리를 이해하고, 전지의 설계 및 응용에 어떻게 최적화할 수 있는지에 대한 통찰을 제공할 것이다.

2.1 물질 복합의 개념 및 분류

복합재료는 이차전지 설계에서 중요한 위치를 차지하는 물질로, 다양한 전기화학적 성질을 극대화하기 위해 여러 상(Phase)을 조합하여 만든다. 이차전지의 성능을 개선하기 위해 복합재료는 양극, 음극, 전해질 등 전지 구성 요소의 물리적·화학적 특성을 최적화하고, 수명을 연장하며 안정성을 높이는 데 필수적이다. 이 장에서는 이차전지 설계에 활용되는 복합재료의 개념과 그 분류에 대해 자세히 알아보자.

(1) 상(Phase)

이차전지의 설계에서 복합재료를 이해하기 위해 가장 먼저 알아야 할 개념은 상(Phase)이다. 상이란 물리적, 화학적으로 균질한 물질의 부분을 의미하며, 같은 화학 성분이라도 물리적 구조나 배열이 다를 경우 다른 상으로 간주된다. 상은 이차전지의 성능에 직접적으로 영향을 미치며, 상의 변화를 이용해 양극과 음극의 성능을 최적화할 수 있다.

예를 들어, 리튬 이온 전지의 양극에서 사용되는 리튬 산화물은 고온 처리나 압력 변화에 따라 서로 다른 상으로 존재할 수 있으며, 이는 전극의 전기화학적 성능과 안정성에 큰 영향을 미친다. 이러한 다양한 상들은 이차전지의 성능 향상에서 중요한 역할을 하며, 물질의 상 변화(phase transition)를 이용해 원하는 특성을 극대화할 수 있다. 리튬 인산철($LiFePO_4$)의 경우, 상 변화를 통해 전지의 에너지 밀도와 충·방전 속도를 최적화할 수 있다.

(2) 연속상(Matrix)과 분산상(Reinforcement)

이차전지의 복합재료는 일반적으로 연속상(Matrix)과 분산상(Reinforcement)의 조합으로 구성된다. 연속상과 분산상의 역할은 전극의 성능, 기계적 안정성, 계면 저항 등을 결정짓는 데 중요한 영향을 미치며, 이 둘의 상호작용을 통해 전지의 성능을 극대화할 수 있다.

❶ 연속상(Matrix)

연속상은 이차전지 전극의 전체 구조를 형성하며, 분산상을 고정하는 역할을 한다. 예를 들어, 폴리머 매트릭스는 전극에서 연속상의 역할을 하며, 이는 전극 물질을 일관되게 지지하고 균일한 전도성을 제공한다. 폴리머 매트릭스를 사용함으로써 전극의 유연성과 내구성을 높이고, 전지의 반복적인 충·방전 과정에서도 안정적인 구조를 유지할 수 있다.

❷ 분산상(Reinforcement)

분산상은 연속상 속에 포함되어 전극의 물리적 성질을 크게 개선한다. 예를 들어, 탄소 나노튜브(CNT)나 그래핀 같은 고전도성 물질을 분산상으로 활용하면, 전극의 전기 전도도를 크게 높일 수 있다. 이러한 고전도성 분산상은 전극 내부의 저항을 줄이고, 전지의 출력 특성을 극대화한다. 또한, 실리콘 입자를 음극에 사용하여 기존의 흑연 음극보다 높은 용량을 달성할 수 있지만, 팽창 문제를 완화하기 위해 탄소 매트릭스와 결합하여 복합재료 형태로 사용된다.

(3) 복합재료의 분류

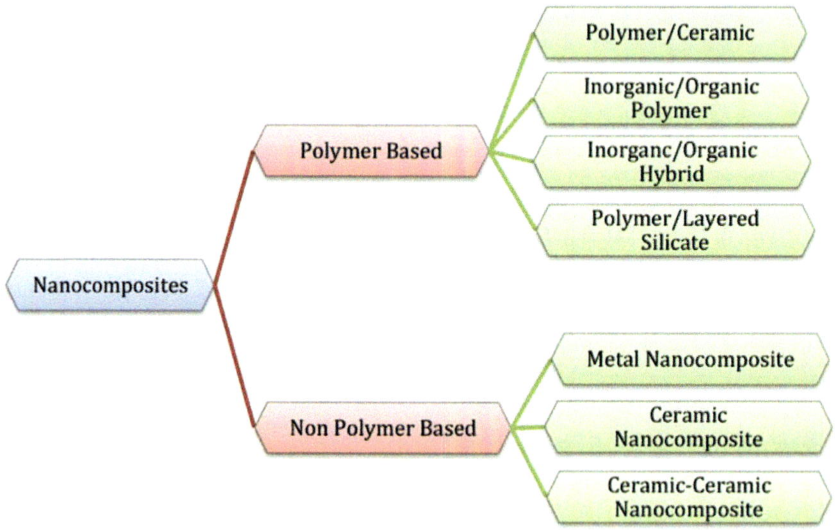

▲ 그림 복합재료의 분류

(출처: https://www.intechopen.com/chapters/72636?fbclid=IwAR2)

이차전지에서 사용되는 복합재료는 그 기능적 특성과 구조적 특성에 따라 분류할 수 있다. 이러한 분류는 복합재료가 이차전지에서 수행하는 역할을 명확히 하여, 전지의 성능 향상에 최적화된 재료 선택을 돕는다. 각각의 분류에 대해 구체적으로 설명하자면 다음과 같다.

① 구조적 복합체 (Structural Composite)

구조적 복합체는 이차전지의 물리적 강도와 안정성을 개선하기 위해 설계된 복합재료로, 전지의 기계적 성능을 극대화하는 데 중점을 둔다. 이러한 복합재료는 전극, 전해질, 분리막 등 전지 구성 요소의 기계적 안정성, 충격 저항성, 열적 특성을 향상하기 위해 사용된다.

- 실리콘–탄소 복합 음극재

실리콘은 높은 이론적 용량을 제공하여 전지의 에너지 밀도를 크게 향상할 수 있지만, 충·방전 과정에서 부피 팽창이 크게 발생하는 단점이 있다. 이러한 팽창은 전극의 물리적 구조에 손상을 일으켜 전지의 수명을 단축할 수 있다. 이를 해결하기 위해 실리콘을 탄소와 결합하여 복합재료로 사용한다. 탄소는 실리콘의 팽창을 물리적으로 지지해주며, 전기 전도성을 높여 전지의 전기화학적 성능을 개선한다. 이러한 실리콘-탄소 복합 음극재는 충·방전 사이클 동안 기계적 변형을 최소화하여 수명을 연장하고, 전지의 안정성을 높이는 데 중요한 역할을 한다.

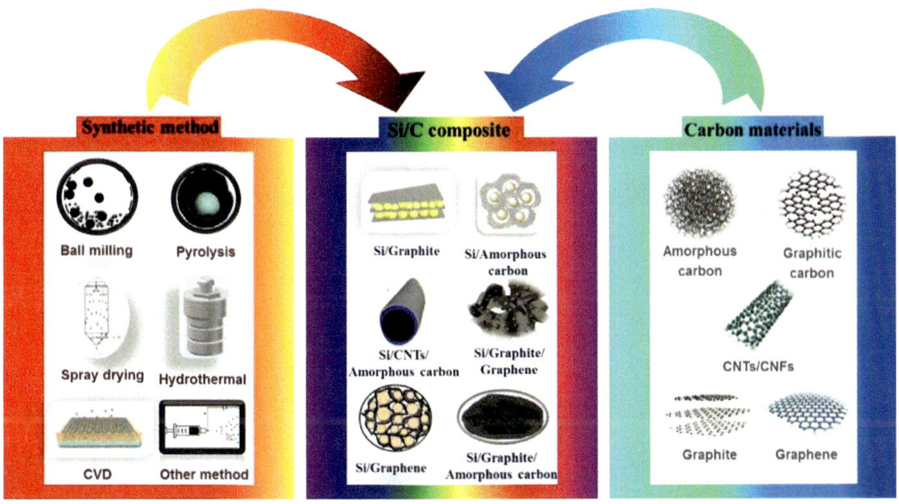

▲ 그림 실리콘–탄소 복합 음극재의 다양한 구성
(출처: https://doi.org/10.1002/chem.202100842)

• 금속 매트릭스 복합체

알루미늄과 같은 금속을 매트릭스로 사용하고, 그 안에 세라믹 입자를 분산시켜 강도와 내구성을 높이는 예도 있다. 이와 같은 금속 매트릭스 복합체는 전지 케이스나 전극의 기계적 지지체로 사용되어, 전지의 내구성을 높이고 외부 충격으로부터 보호하는 역할을 한다. 알루미늄은 가벼우면서도 높은 기계적 강도를 제공하므로, 전지의 무게를 줄이면서도 강도를 유지할 수 있는 장점이 있다.

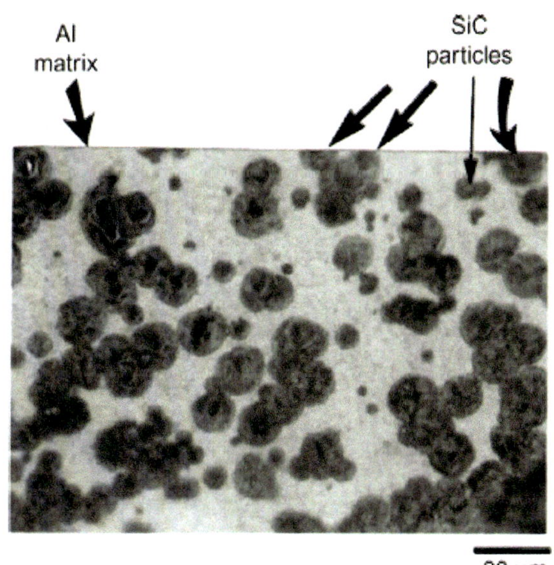

▲ 그림 SiC(분산상)과 Al(연속상)로 구성된 복합체의 광학 현미경 이미지
(출처: https://doi.org/10.1016/B978-1-4557-7752-5.00007-3)

• 섬유 강화 복합체

유리섬유나 탄소섬유를 매트릭스 내에 포함해 전지의 기계적 안정성을 극대화하는 섬유 강화 복합체도 사용된다. 이러한 섬유 강화 복합체는 전극의 기계적 강도를 높여, 전지 제조 공정 중 발생할 수 있는 손상을 방지하고, 반복적인 충·방전 과정에서도 전극 구조를 안정적으로 유지할 수 있도록 한다. 특히, 전극의 팽창과 수축에 따른 기계적 스트레스를 흡수하여 전지의 수명을 연장하는 데 기여한다.

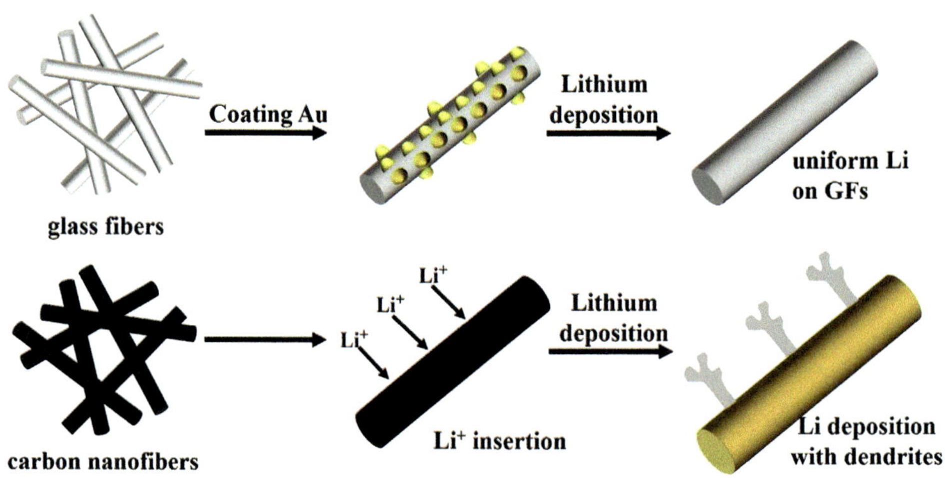

▲ 그림 유리섬유 및 탄소섬유의 음극재 활용 사례
(출처: https://doi.org/10.1016/j.electacta.2019.06.009)

❷ 기능성 복합체 (Functional Composite)

기능성 복합체는 전지의 전기적·화학적 성능을 개선하고 계면 특성을 최적화하는 데 중점을 두어, 전지의 전반적인 효율과 안정성을 높인다. 이러한 복합재료는 전극과 전해질 간의 계면 저항을 줄이거나, 특정 전기화학적 특성을 향상하기 위해 설계된다.

• 계면 개질된 실리콘 음극

실리콘 음극은 높은 용량을 제공하지만, 충·방전 시 부피 팽창으로 인해 계면에서 기계적 스트레스가 발생하고, 이로 인해 전도성이 저하될 수 있다. 이를 해결하기 위해 실란 커플링제(silane coupling agents)와 같은 계면 개질제를 사용하여 실리콘과 바인더 간의 결합을 강화한다. 이러한 계면 개질을 통해 실리콘 입자가 바인더와 강하게 결합하여 팽창 문제를 완화할 수 있으며, 전지의 충·방전 사이클 수명을 연장할 수 있다.

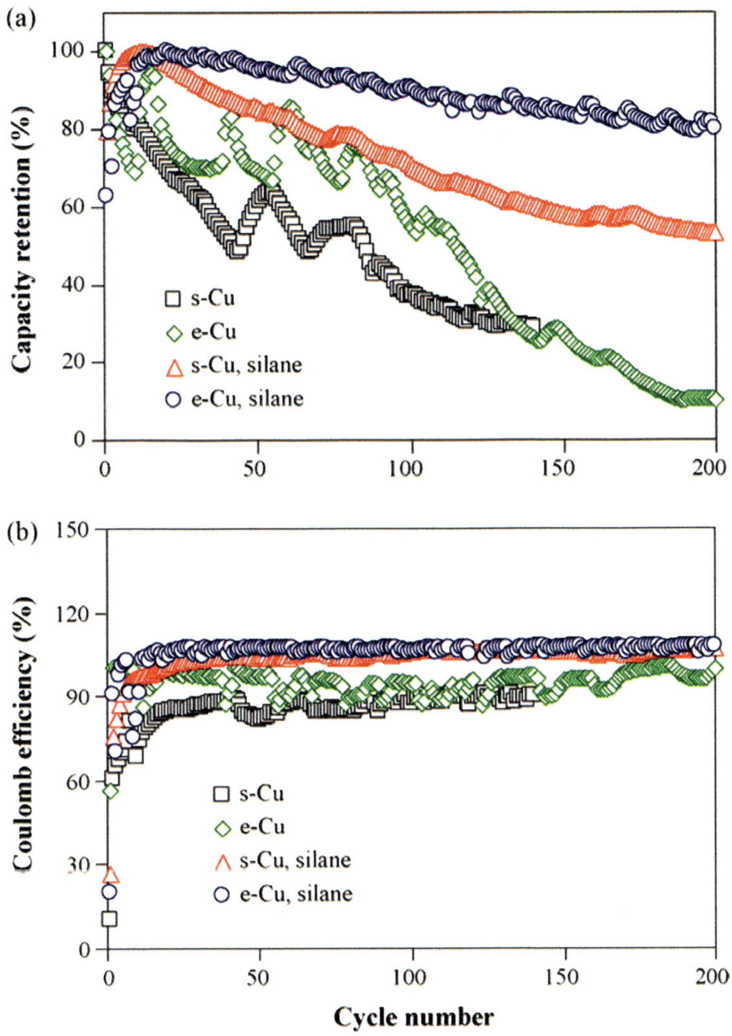

▲ 그림 실란 커플링제의 도입에 의한 배터리 셀의 성능 개선
(출처: https://doi.org/10.1016/j.electacta.2009.12.067)

• 코팅된 양극재

양극 물질 표면에 알루미늄 산화물(Al_2O_3)이나 지르코니아(ZrO_2)와 같은 얇은 세라믹 코팅을 적용하여 전해질과의 부반응을 줄이고, 계면 안정성을 높이는 방법도 기능성 복합체의 한 예이다. 이러한 코팅은 전해질과 양극재 간의 화학 반응을 억제하여, 충 · 방전 과정 중 양극

의 구조적 손상을 방지하고 전지의 수명을 연장한다. 또한, 이러한 코팅층은 전도성에는 영향을 미치지 않으면서도 전극 표면의 화학적 반응성을 조절하여 장기적인 성능을 유지할 수 있도록 한다.

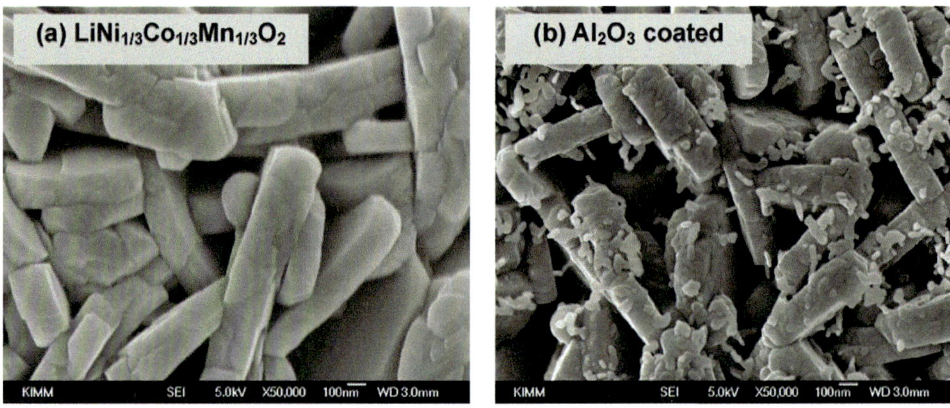

▲ 그림 Al_2O_3이 표면에 코팅된 NCM 양극의 모습
(출처: https://doi.org/10.1016/j.electacta.2006.07.033)

• 전도성 고분자 복합체

폴리티오펜(PEDOT)과 같은 전도성 고분자를 사용하여 전극의 계면 전도성을 높이는 예도 있다. 전도성 고분자는 전극 물질 표면에 코팅되거나 매트릭스에 혼합되어 전자의 이동을 원활하게 하여, 전지의 내부 저항을 줄이고 전기화학적 성능을 극대화한다. 특히, 이러한 전도성 고분자 복합체는 전극과 전해질 간의 전하 전달을 촉진하여 높은 출력 특성을 제공하며, 저온 환경에서도 안정적인 성능을 유지할 수 있게 한다.

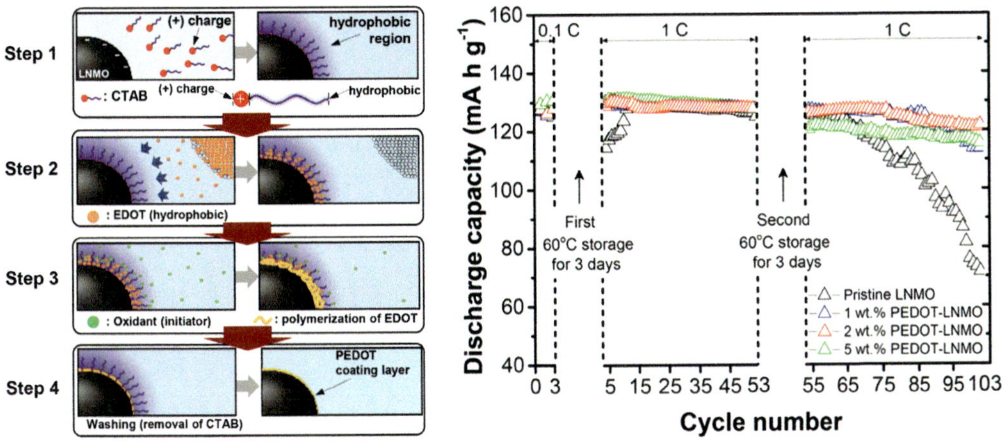

▲ 그림 PEDOT의 적용으로 성능이 개선된 $LiNi_{0.5}Mn_{1.5}O_4$(LNMO) 양극
(출처: https://doi.org/10.1021/acsami.8b08200)

• 이온 전도성 강화 복합체

전해질 내에 리튬 이온 전도성 세라믹 입자를 첨가하여 이온 전도도를 향상하는 복합체도 있다. 예를 들어, 리튬 라니아($Li_7La_3Zr_2O_{12}$, LLZO)와 같은 세라믹 입자는 전해질의 이온 전도도를 크게 높여, 전지의 충·방전 속도를 높이고 내부 저항을 감소시킨다. 이러한 이온 전도성 강화 복합체는 전지의 고출력 특성을 필요로 하는 응용 분야에서 매우 유용하며, 전지의 효율성과 안전성을 동시에 개선하는 데 중요한 역할을 한다.

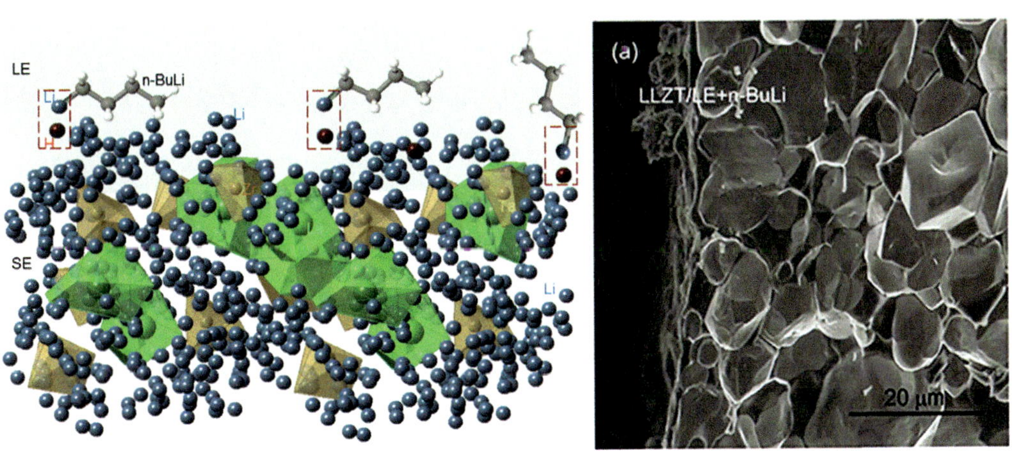

▲ 그림 Ta-doped LLZO 입자가 추가 도입된 복합 전해질의 모습
(출처: https://doi.org/10.1021/acsami.7b05599)

2.2 물질 복합의 열역학

(1) ΔG_{mix}와 자발성

물질 복합의 자발성을 이해하는 데 있어 혼합 시 발생하는 깁스 자유에너지 변화, 즉 ΔG_{mix}는 매우 중요한 역할을 한다. ΔG_{mix}는 서로 다른 물질이 혼합될 때 시스템의 자유에너지 변화량을 나타내며, 혼합 과정이 자발적으로 일어날 수 있는지 여부를 판단하는 중요한 지표이다. ΔG_{mix}는 주로 엔탈피 변화(ΔH_{mix})와 엔트로피 변화(ΔS_{mix})의 결합으로 결정된다. 이를 통해 물질들이 혼합되었을 때 얼마나 안정적인 상태를 유지할 수 있는지, 또는 자발적으로 혼합이 일어나는지를 예측할 수 있다.

ΔG_{mix}는 다음의 식으로 표현된다.

$$\Delta G_{mix} = \Delta H_{mix} - T\Delta S_{mix}$$

여기서 ΔH_{mix}는 혼합 과정에서의 엔탈피 변화, ΔS_{mix}는 혼합으로 인한 엔트로피 변화, T는 절대온도(K)이다. ΔG_{mix}가 음수일 경우, 즉 $\Delta G_{mix} < 0$일 때 혼합 과정이 자발적으로 진행된다고 할 수 있다. 이를 통해 복합 재료의 제조 과정에서 혼합물의 열역학적 안정성을 평가할 수 있다.

ΔG_{mix}에 영향을 미치는 두 가지 주요 요소는 ΔH_{mix}와 ΔS_{mix}이다. ΔH_{mix}는 혼합 과정에서의 에너지 변화로, 물질 간의 상호작용에 따라 발열 혹은 흡열 반응이 일어날 수 있다. ΔH_{mix}가 음수라면, 즉 발열 반응이라면 혼합 과정에서 에너지가 방출되어 시스템의 안정성을 높이며, 이는 ΔG_{mix}를 낮추어 혼합의 자발성을 높이는 방향으로 작용한다.

ΔS_{mix}는 혼합에 의해 시스템의 무질서도가 얼마나 증가했는지를 나타낸다. 일반적으로 서로 다른 물질이 혼합되면 무질서도가 증가하므로 ΔS_{mix}는 양수 값을 가지게 된다. ΔS_{mix}가 양수일 경우, $T\Delta S_{mix}$ 항은 ΔG_{mix}를 줄이는 방향으로 작용하여 혼합의 자발성을 높인다.

(2) ΔG_{mix}의 감소를 위한 노력

ΔG_{mix}를 줄이기 위해서는 ΔH_{mix}와 ΔS_{mix}를 조절하는 다양한 방법을 사용할 수 있다. 이를 통해 혼합 과정의 자발성을 높이고, 복합 재료의 안정성을 강화할 수 있다. 다음은 ΔG_{mix}의 감소를 위한 몇 가지 접근 방법이다:

❶ ΔH_{mix} 감소

- 강한 상호작용을 유도하는 첨가제 사용

혼합물의 ΔH_{mix}를 음수로 만들기 위해서는 물질 간의 상호작용을 강화하는 것이 중요하다. 예를 들어, 수소 결합, 반데르발스 힘, 이온 결합 등을 형성할 수 있는 첨가제를 사용하면 물질 간의 상호작용이 강화되어 ΔH_{mix}를 감소시킬 수 있다. 이러한 상호작용을 강화하는 첨가제는 물질 간 결합을 촉진하여 에너지가 방출되는 방향으로 작용하며, 이는 혼합의 자발성을 높이는 중요한 역할을 한다. 특히, 특정한 첨가제는 선택적으로 특정 물질과 결합하여 시스템의 전체 에너지 상태를 낮추는 데 기여할 수 있다.

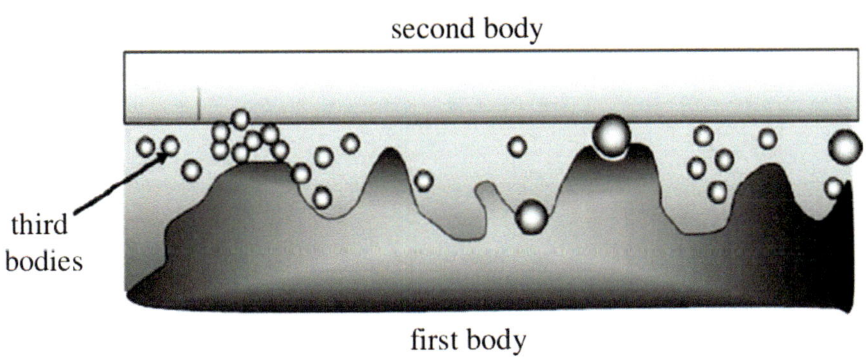

▲ 그림 첨가제 사용에 의한 물질 간 상호작용 향상
(출처: https://doi.org/10.1098/rsta.2010.0183)

- 계면활성제 사용

계면활성제는 시로 다른 두 물질의 계면에서 상호작용을 촉진하여 혼합의 자발성을 높이는 데 도움을 줄 수 있다. 계면활성제는 극성과 비극성 부분을 모두 가지고 있어 서로 다른 성질의 물질 사이에서 물리적, 화학적 상호작용을 증진시킨다. 이를 통해 두 물질 간의 접촉면에서 발열 반응을 유도하고, ΔH_{mix}를 감소시켜 혼합이 자발적으로 일어나도록 돕는다. 계면

활성제의 사용은 혼합의 균일성을 보장하고, 시스템의 안정성을 높인다.

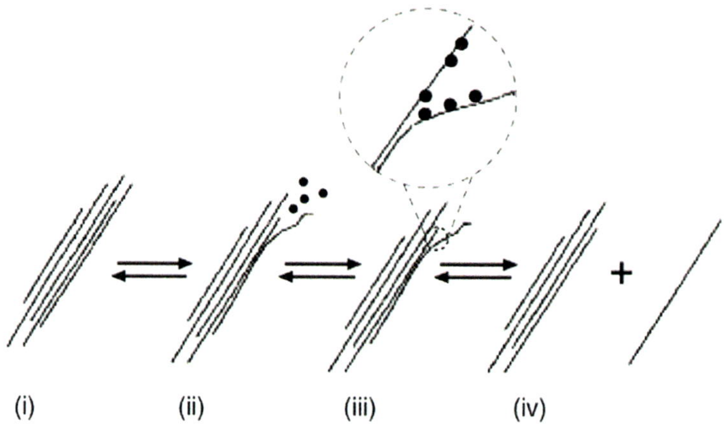

▲ 그림 계면활성제 사용에 의한 물질 간 상호작용 향상
(출처: https://doi.org/10.1016/j.cis.2006.11.007)

- 화학적 개질

물질의 표면을 화학적으로 개질하여 상호작용이 더 잘 일어나도록 하면, ΔH_{mix}를 낮출 수 있다. 예를 들어, 물질 표면에 친화성 기능기를 도입하여 다른 성분과의 화학적 결합이 더 쉽게 이루어지도록 하면, 물질 간 결합력이 향상하여 자발적 혼합이 촉진된다. 이 과정은 화학적 개질을 통해 상호작용 에너지를 최적화함으로써 혼합물의 안정성을 높이는 데 기여한다. 또한, 특정 반응 조건에서 개질된 표면은 상호작용 에너지를 더욱 낮추어, 혼합 과정의 자발성을 강화할 수 있다.

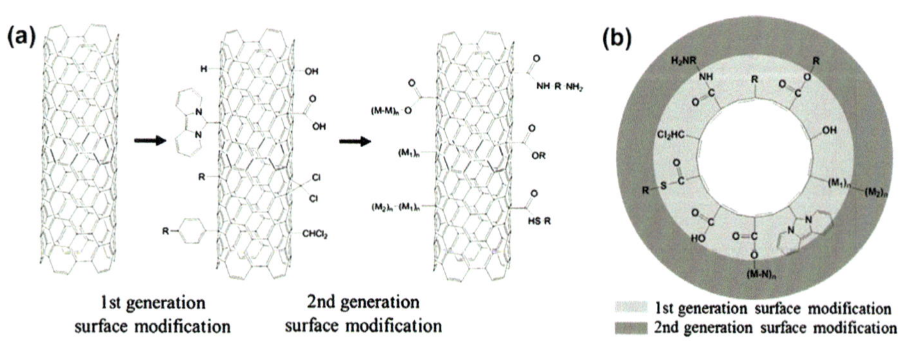

▲ 그림 화학적 개질에 의한 물질 간 상호작용 향상
(출처: https://doi.org/10.1016/j.carbon.2011.08.011)

❷ ΔS_{mix} 증가

• 혼합물의 다양성 증가

혼합물의 구성 성분이 다양할수록 엔트로피가 증가할 가능성이 있다. 이는 다양한 입자 크기나 형태를 가진 물질이 혼합되면 시스템의 무질서도가 증가할 수 있기 때문이다. 다양한 크기와 형태의 입자가 존재할 때, 각 입자의 위치와 배치가 더욱 불규칙해지며, 이로 인해 시스템의 엔트로피가 증가한다. 그러나 이러한 증가가 항상 보장되는 것은 아니며, 물질 간 상호작용이나 혼합 형태에 따라 달라질 수 있다. 예를 들어, 상호작용이 강한 경우 입자들이 일정한 구조를 이루게 되어 오히려 엔트로피 증가가 제한될 수 있다. ΔS_{mix}는 일반적으로 혼합의 무질서도를 나타내므로, 구성 성분의 형태와 조성이 복잡해질수록 엔트로피가 증가할 수 있는 경향이 있다. ΔS_{mix}가 증가하면 ΔG_{mix}가 감소하여 혼합의 자발성을 높일 수 있지만, 이는 물질 간의 상호작용과 물리적 조건에 따라 달라질 수 있음을 유의해야 한다.

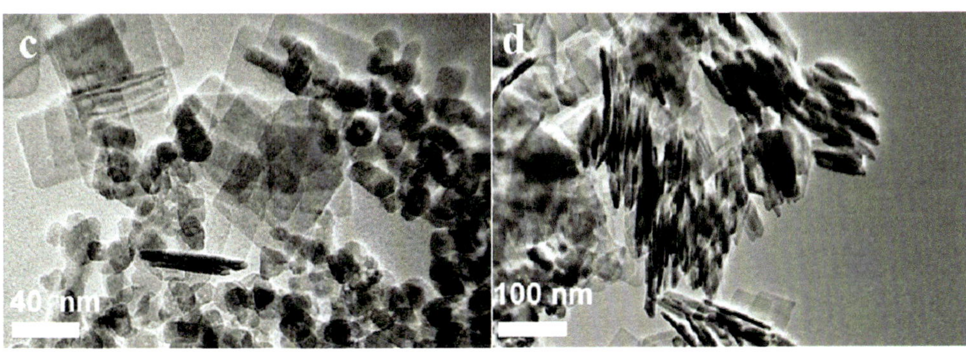

▲ 그림 혼합물의 다양성 증가에 의한 물질 간 상호작용 향상
(출처: https://www.nature.com/articles/srep36836)

❸ 물질의 조성 최적화

• 혼합 비율 조정

각 성분의 혼합 비율을 최적화하여 ΔH_{mix}와 ΔS_{mix}의 균형을 맞출 수 있다. 예를 들어, 특정 비율에서 두 물질 간의 상호작용이 가장 잘 일어나도록 혼합 비율을 조정하면 ΔH_{mix}를 감소시키고 ΔS_{mix}를 증가시켜 ΔG_{mix}를 최소화할 수 있다. 이러한 최적의 혼합 비율을 찾기 위해서는 실험적 데이터를 바탕으로 상호작용 에너지를 분석하고, 물질 간의 결합 특성을 파악해야 한다. 최적화된 혼합 비율은 시스템의 자유에너지 변화를 최소화하고, 안정적인 복

합체 형성을 유도하는 데 중요한 역할을 한다.

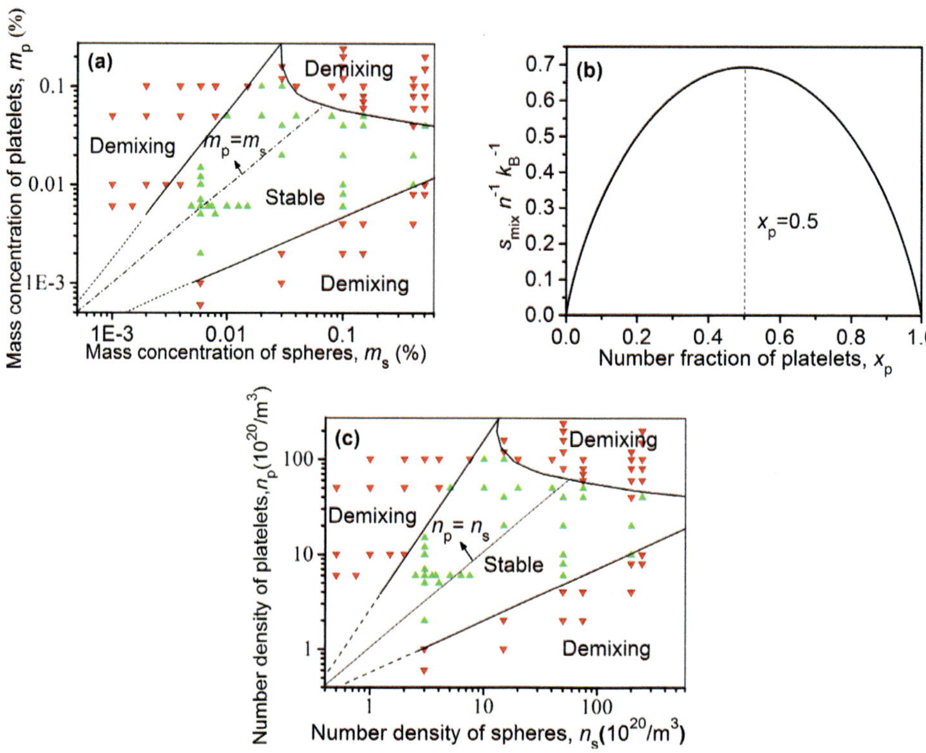

▲ 그림 혼합 비율 조정에 의한 물질 간 상호작용 변화
(출처: https://www.nature.com/articles/srep36836)

- 상호작용 에너지가 높은 물질 선택

혼합에 참여하는 물질의 화학적 특성을 고려하여 상호작용 에너지가 높은 물질을 선택하면 ΔH_{mix}를 감소시킬 수 있다. 예를 들어, 전하를 띠는 이온성 물질이나 극성이 강한 물질을 선택하면 혼합 과정에서 강한 상호작용이 발생하여 ΔG_{mix}가 감소할 수 있다. 특히, 이온성 물질의 경우 전하 간의 정전기적 인력이 강해 상호작용 에너지를 크게 낮출 수 있으며, 이를 통해 혼합의 자발성을 높일 수 있다. 이러한 물질 선택은 전지 내에서 전극과 전해질 간의 상호작용을 최적화하는 데도 중요한 요소로 작용한다.

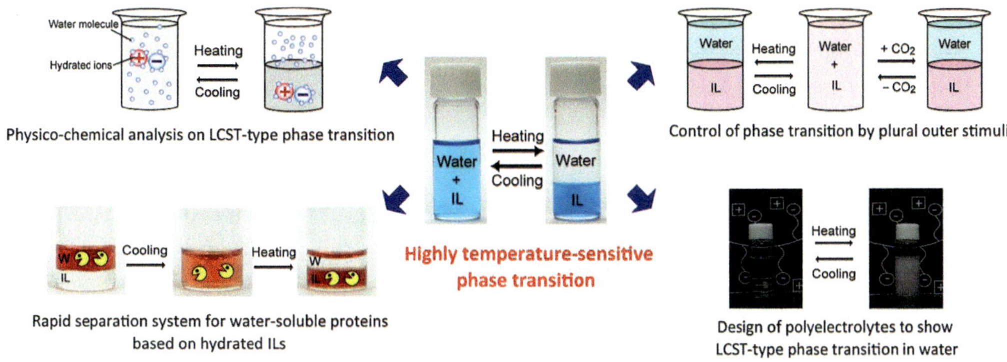

▲ 그림 상호작용 에너지가 높은 물질 간의 혼합
(출처: https://doi.org/10.1039/C2CC31638B)

❹ 물리적 처리 방법 활용

- 초음파 처리

초음파를 이용해 물질을 혼합하면 입자 간의 상호작용이 증대되고, 혼합의 자발성을 높일 수 있다. 초음파는 고주파의 물리적 진동을 통해 혼합물 내의 입자들에 강한 에너지를 전달하며, 이로 인해 입자 간의 접촉 빈도가 증가하게 된다. 초음파 처리 과정에서 생성되는 미세 기포의 붕괴(cavitation)는 매우 높은 국부적 에너지를 발생시켜, 입자 표면의 에너지를 낮추고 혼합을 촉진한다. 이를 통해 ΔH_{mix}를 감소시키고, 혼합의 무질서도를 증가시켜 ΔS_{mix}를 증가시키는 효과를 얻을 수 있다.

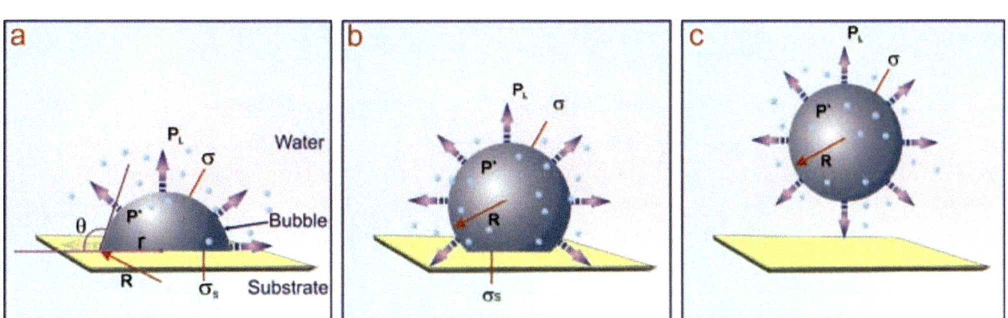

▲ 그림 초음파 처리에 의한 물질 분산의 모습
(출처: https://doi.org/10.1002/adma.201004494)

• 기계적 혼합

강력한 기계적 혼합을 통해 물질 간의 접촉을 증대시키면 ΔH_{mix}를 감소시키는 효과를 얻을 수 있다. 기계적 혼합은 회전, 교반, 밀링 등의 물리적 방법을 사용하여 입자 간의 상호작용을 강화하고, 혼합의 균일성을 높인다. 이러한 물리적 혼합 과정에서는 입자들이 더 불규칙하게 배치되므로 시스템의 엔트로피가 증가하여 ΔG_{mix}를 감소시키는 방향으로 작용할 수 있다. 특히, 나노 크기의 입자를 포함한 혼합에서는 기계적 혼합을 통해 입자 간의 응집을 방지하고, 더욱 균일한 분포를 이루게 하여 복합 재료의 특성을 향상할 수 있다.

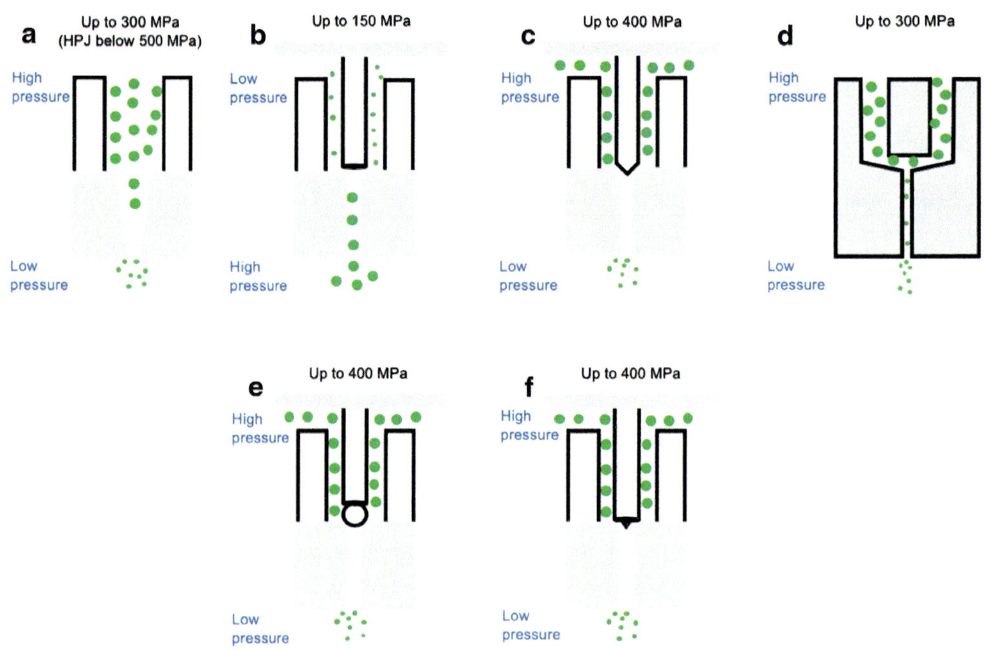

▲ 그림 균질 혼합기(homogenizer)를 통한 물질 간 기계적 혼합
(출처: https://doi.org/10.1007/s12393-020-09239-8)

ΔG_{mix}를 감소시키는 이러한 다양한 방법들은 복합 재료의 안정성을 확보하고, 혼합 과정의 자발성을 극대화하여 전지의 성능을 향상하는데 기여할 수 있다. 이를 통해 복합 재료 설계 시 에너지 효율성을 극대화하고, 외부 에너지 투입을 최소화하는 방향으로 접근할 수 있다.

2.3 고체 혼합물의 상평형

이차전지의 설계에서 고체 혼합물의 상평형을 이해하는 것은 전극, 전해질, 그리고 전체 전지 시스템의 안정성과 성능을 최적화하는 데 있어 매우 중요한 역할을 한다. 고체 혼합물의 상평형은 각 구성 요소 간의 상호작용을 통해 전지의 효율성을 극대화하고, 장기적인 수명을 확보하는 데 필요한 열역학적 안정성을 제공한다. 특히, 이차전지의 다양한 구성 요소들이 온도와 압력 등 외부 조건에 따라 어떤 상태로 존재하는지, 그리고 그 상태가 어떻게 변화하는지를 정확히 이해하는 것은 전지의 성능 향상에 필수적이다.

본 장에서는 이차전지의 고체 혼합물에서 나타나는 상평형의 기본 개념을 설명하고, 이를 설계에 적용하는 방법을 구체적으로 다룬다. 이를 통해, 상도(Phase Diagram)의 해석, 계면 안정성, 리튬 이온의 삽입 및 추출 과정 중의 상변태 등 다양한 상평형의 측면이 전지의 설계와 성능에 어떻게 영향을 미치는지 이해하게 될 것이다. 또한, 열역학적 분석을 바탕으로 상평형을 최적화하여 전지의 에너지 밀도, 충·방전 속도, 안정성 등을 극대화하는 전략을 소개한다. 이러한 고체 혼합물의 상평형에 대한 이해는 고성능 이차전지를 개발하고, 안전성과 효율성을 동시에 충족시키는 데 필수적인 요소이다.

(1) 상평형의 개념과 이차전지에서의 중요성

상평형은 특정 온도와 압력 조건에서 여러 개의 상이 동시에 존재할 수 있는 상태를 의미한다. 이러한 상들은 서로 열역학적으로 균형을 이루며, 각 상의 존재 여부와 양은 주어진 조건에 따라 달라진다. 상평형은 고체, 액체, 기체와 같은 물리적 상태뿐만 아니라, 동일한 고체 내에서도 다른 결정 구조를 가질 수 있는 여러 고체 상을 포함한다. 이차전지에서의 상평형은 전지 내 여러 구성 요소 간의 열역학적 균형을 의미하며, 전극과 전해질, 그리고 계면 간의 상호작용을 최적화하는 데 있어 매우 중요하다.

상평형은 이차전지의 구성 요소들이 온도, 압력, 조성의 변화에 따라 어떻게 변하는지를 예측할 수 있도록 돕는다. 예를 들어, 리튬이온 배터리의 전극 물질은 충·방전 과정에서 리튬 이온의 삽입과 추출에 따라 그 상태가 변하게 된다. 이때, 전극 물질의 상이 안정적으로 유지될 수 있는지를 판단하기 위해서는 상평형에 대한 이해가 필수적이다. 상이 안정적으로 존재하지 않으면, 전극의 물리적 구조가 손상되거나, 전지 성능이 저하될 수 있기 때문이다.

❶ 안정성

상평형을 이해하면 전극이나 전해질 재료가 특정 조건에서 얼마나 안정적으로 존재할 수 있는지를 파악할 수 있다. 이는 전지의 충·방전 과정 중 전극 물질의 상변태가 일어나지 않도록 설계함으로써 전지의 안정성을 보장하는 데 필수적이다. 예를 들어, 니켈, 망간, 코발트(NCM) 기반의 전극에서 각 금속의 조성비가 달라짐에 따라 형성되는 상이 다르며, 특정 조성비에서는 상이 더 안정적일 수 있다. 이를 통해 전지의 수명을 연장하고 안전성을 높일 수 있다.

❷ 효율성

상평형은 전지의 효율성을 결정짓는 중요한 요소 중 하나이다. 예를 들어, 전극 물질에서 리튬 이온이 삽입되거나 추출되는 과정에서 여러 상으로의 전환이 일어날 수 있다. 이 과정에서 상변태가 부드럽게 일어나면 전지의 에너지 효율이 높아지지만, 상변태가 급격하게 발생하면 내부 저항이 증가하여 전지의 효율이 떨어질 수 있다. 따라서 상평형을 잘 이해하고 설계에 반영하면 충 · 방전 시 에너지 손실을 최소화하고, 높은 효율을 유지할 수 있다.

❸ 반응성

상평형은 전극과 전해질 간의 화학적 반응을 최소화하고, 계면에서 발생할 수 있는 불필요한 부반응을 억제하는 데 중요한 역할을 한다. 예를 들어, 고체 전해질과 전극 간의 상평형을 통해 SEI(고체 전해질 계면) 층이 안정적으로 형성되도록 설계할 수 있다. SEI 층은 전극과 전해질 간의 직접적인 화학적 반응을 억제하여 전극의 성능 저하를 막고, 전지의 수명을 연장하는 역할을 한다. 이를 위해, 상평형의 개념을 바탕으로 계면에서의 상호작용을 예측하고, 이를 최적화할 수 있는 재료 조합을 선택하는 것이 중요하다.

(2) 상도(Phase Diagram)와 열역학적 분석

상도는 특정 물질의 온도와 조성에 따른 상의 변화를 시각적으로 나타낸 도표로, 고체 혼합물의 상평형을 분석하는 데 중요한 도구이다. 이차전지에서 상도는 전극과 전해질 같은 구성 요소들이 서로 다른 조건에서 어떻게 변화하고 상호작용하는지를 이해하는 데 필수적이다. 상도는 이원계(두 가지 성분) 또는 삼원계(세 가지 성분)로 구성될 수 있으며, 이러한 상도는 전지 재료의 안정성과 최적의 성능을 달성하는 데 사용된다.

이원계 상도는 두 가지 성분이 혼합되었을 때 나타나는 상평형을 나타내며, 특정 온도와 조성에서 어떤 상이 존재하는지를 시각적으로 보여준다. 이차전지에서 많이 사용되는 이원계 상도의 예로는 **리튬–실리콘** 시스템을 들 수 있다. 리튬-실리콘 상도는 전지의 음극 재료로 실리콘을 사용할 때 리튬이 삽입되면서 생기는 여러 상변화를 시각적으로 보여준다. 예를 들어, 리튬-실리콘 시스템에서는 리튬이 실리콘에 삽입되며 $Li_{17}Si_4$, $Li_{13}Si_4$, Li_7Si_3, $Li_{12}Si_7$ 과 같은 여러 상이 형성되는데, 이는 실리콘 음극의 에너지 저장 용량과 팽창 특성을 결정하는 중요한 요소이다. 이를 통해 실리콘 음극의 안정성을 최대화하기 위한 최적의 리튬 함량을 결정할 수 있다.

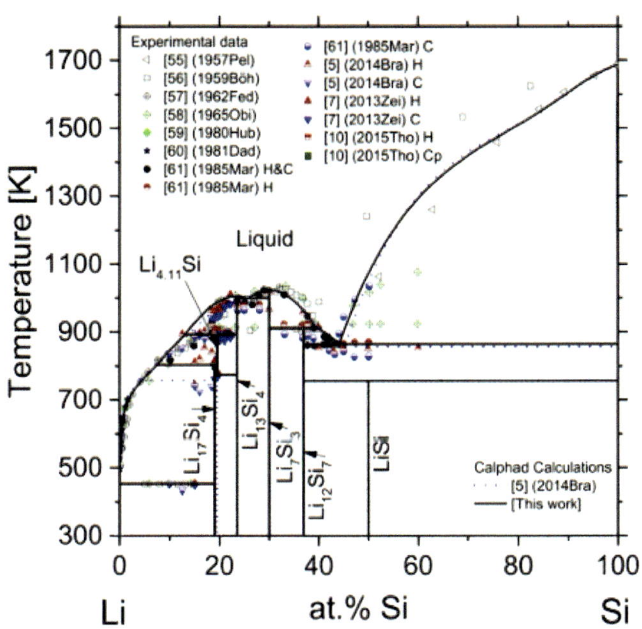

▲ 그림 Li–Si의 이원계 상도
(출처: https://doi.org/10.1016/j.intermet.2017.02.024)

삼원계 상도는 세 가지 성분이 혼합될 때 어떤 상들이 형성되는지를 시각적으로 보여주는 도구이다. 예를 들어, Li–Mn–O 계열의 삼원계 상도는 리튬, 망간, 산소가 혼합될 때 각 성분의 비율에 따라 어떤 상이 존재하는지를 파악하는 데 도움을 준다. 이를 통해 리튬, 망간, 산소가 어떤 조성비에서 안정적인 상을 형성하는지 알 수 있다.

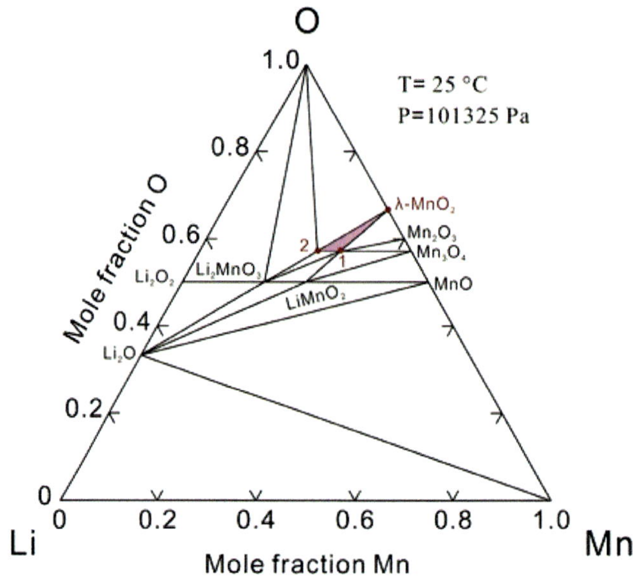

▲ 그림 Li–Mn–O의 삼원계 상도
(출처: https://doi.org/10.1021/acs.chemmater.7b05068)

이 상도에서는 특히 **스피넬 구조**의 양극 물질(예: $LiMn_2O_4$ 등)이 안정적으로 존재하는 영역을 확인할 수 있다. 스피넬 구조는 배터리의 열적 안정성을 높이고, 충·방전 과정에서 안정적인 성능을 발휘하게 한다. 따라서 삼원계 상도는 양극 재료의 열적 안정성을 확보하고, 최적의 조성비를 결정하기 위한 중요한 정보를 제공한다.

이를 바탕으로 망간, 리튬, 산소의 비율을 조절하면 양극의 열적 안정성을 높일 수 있으며, 충·방전 중 발생하는 구조적 변화를 줄여 전지의 수명과 성능을 개선할 수 있다. 예를 들어, 망간의 비율을 적절히 조절하면 전지가 과도하게 뜨거워지지 않고 안정적으로 작동할 수 있다. 따라서 삼원계 상도를 활용해 전극 재료의 최적 성분 조합을 찾아 전지 성능을 극대화하는 것이 중요하다.

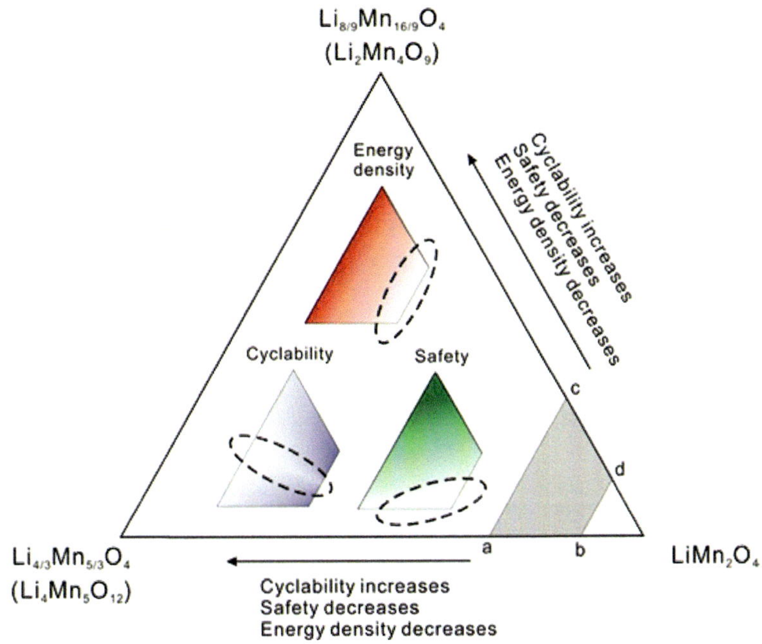

▲ 그림 Li/Mn/O의 비율에 따른 이차전지의 성능 변화
(출처: https://doi.org/10.1021/acs.chemmater.7b05068)

(3) 계면에서의 상호작용

계면 상평형은 이차전지에서 전극과 전해질 간의 상호작용을 이해하는 데 중요한 역할을 한다. 전극과 전해질 간의 접촉 부위에서 발생하는 계면 반응은 전지의 효율성과 안정성을 크게 좌우하며, 이러한 계면에서 형성되는 고체 전해질 인터페이스(SEI) 층은 특히 중요한 역할을 한다.

❶ 고체 전해질 인터페이스(SEI)와 계면 반응

SEI 층(고체 전해질 인터페이스)은 이차전지에서 전극 표면에 형성되는 얇고 치밀한 고체층으로, 전해질과 전극이 직접 반응하지 않도록 보호하는 중요한 역할을 한다. SEI 층의 형성과 안정성은 전지의 수명, 충전 및 방전 효율, 그리고 장기적인 성능에 큰 영향을 미친다. SEI 층은 초기 충전 과정에서 전해질이 전극 표면에서 전기화학적으로 분해되면서 자연스럽게 형성되며, 이 층의 특성과 안정성은 전지 성능의 핵심적인 요소가 된다.

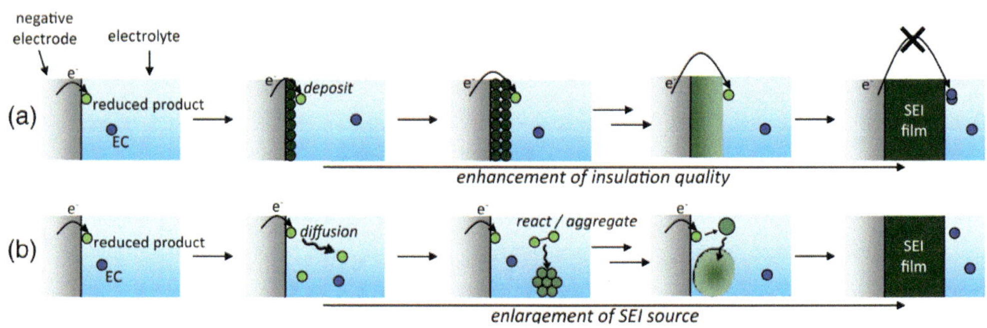

▲ 그림 SEI 층의 생성 과정
(출처: https://doi.org/10.1038/s41524-018-0064-0)

▲ 그림 SEI 층의 실제 모습
(출처: https://doi.org/10.1016/j.electacta.2010.05.072)

SEI 층은 초기 충전 과정에서 리튬 이온이 음극으로 삽입될 때 형성되며, 음극 전극이 전해질과 접촉하면 전해질 내의 용매 분자와 리튬염이 전극 표면에서 전기화학적으로 분해되어 다양한 생성물이 형성된다. 이 생성물들이 바로 SEI 층을 구성하게 된다. 이 과정에서 중요한 점은 SEI 층이 자발적으로 형성되면서도 전극 표면에 치밀하고 균일한 구조를 만들어야 한다는 것이다. 이를 위해 사용되는 전해질의 조성, 용매의 종류, 리튬염의 유형 등이 SEI 층의 물리적 특성에 큰 영향을 미친다. SEI 층은 전해질 용매의 환원 반응에 의해 리튬 플루오라이드(LiF), 리튬 카보네이트(Li_2CO_3) 등의 화합물로 구성되며, 이 층은 리튬 이온이 통과할 수 있지만 전자 전도성을 거의 가지지 않도록 설계되어야 한다. 이러한 특성을 통해 전극 표면에서 전자와 전해질이 불필요하게 반응하는 것을 막고, 전해질의 지속적인 분해와 전극의 부식을 억제할 수 있다.

SEI 층의 안정성은 열역학적 평형 상태에서 유지되는지에 따라 크게 좌우된다. SEI 층이 열역학적으로 불안정할 경우, 충전 및 방전 과정에서 SEI 층이 반복적으로 파괴되고 재형성되

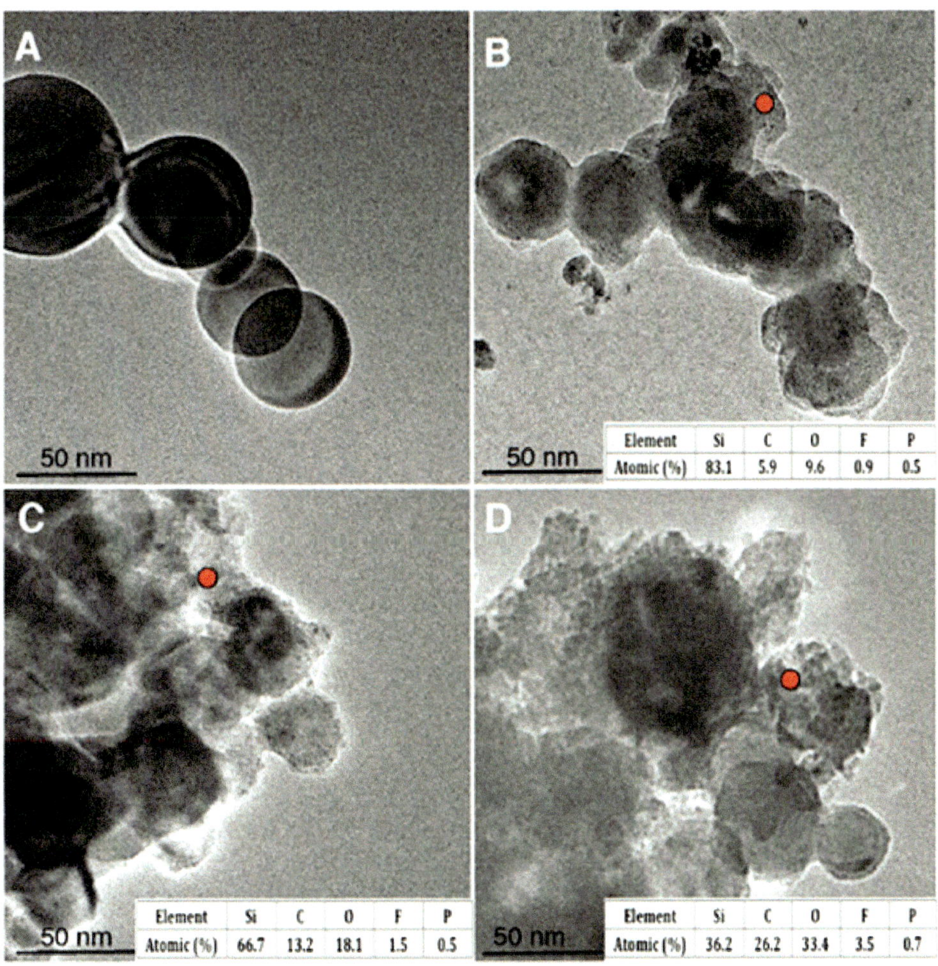

▲ 그림 충 · 방전 과정의 반복에 의한 실리콘 음극의 형상 변화
(출처: https://doi.org/10.1021/jp404155y)

며, 이로 인해 전극 표면에서의 계면 저항이 증가하게 된다. 이는 전지 내부에서 에너지 손실을 유발하고, 전지의 전체적인 충전 및 방전 효율을 감소시키는 원인이 된다. 특히 SEI 층의 물리적 안정성은 충·방전 과정 중 전극의 부피 변화로 크게 영향을 받는다. 예를 들어, 실리콘 음극의 경우 충전 시 리튬 이온의 삽입으로 인해 부피가 크게 팽창하는데, 이 과정에서 SEI 층이 균열되고 손상될 수 있다. 이러한 균열은 전해질이 전극과 재반응하여 새로운 SEI 층을 형성하게 만들며, 이는 전해질 소모 증가와 함께 전지의 수명을 감소시키는 주요 원인이 된다. 따라서 SEI 층의 형성을 최적화하고, 충·방전 과정에서 물리적 변형을 최소화하는 것이 매우 중요하다.

SEI 층의 안정적인 형성을 위해서는 전해질의 화학적 조성과 전압 조건을 열역학적으로 최적화해야 한다. SEI 층이 형성되는 동안 발생하는 반응들은 자유 에너지의 감소에 따라 자연스럽게 이루어지며, SEI 층이 최종적으로 형성된 후에는 열역학적 평형 상태에서 안정하게 유지되어야 한다. 이를 위해 전해질의 구성 성분을 적절히 조절하여 SEI 층 형성 반응이 가장 안정적인 방향으로 진행되도록 설계하는 것이 필요하다. 예를 들어, 탄소 기반 음극에서 SEI 층의 안정적인 형성을 위해서는 용매의 환원 전위가 전극의 작동 전압 범위 내에서 적절해야 하며, 리튬염의 조성 역시 중요한 역할을 한다. 리튬 헥사플루오로인산염($LiPF_6$)과 같은 전해질 염은 SEI 층 내에서 LiF와 같은 안정한 불용성 화합물을 형성하여 SEI 층의 안정성을 높인다. 이러한 LiF는 높은 전기 절연성과 낮은 이온 전도성을 가지며, 전극 표면에서의 전해질 분해를 억제하는 데 중요한 역할을 한다.

또한, SEI 층의 형성을 최적화하기 위해 다양한 첨가제가 사용된다. 전해질에 소량의 첨가제를 추가함으로써 SEI 층의 구성과 구조를 개선할 수 있다. 예를 들어, 비닐렌 카보네이트(VC)와 같은 첨가제는 SEI 층을 더 균일하고 내구성 있게 만들어, 충·방전 중 SEI 층의 파괴를 줄이고 전지의 수명을 연장하는 데 도움을 준다. 이러한 첨가제는 SEI 층의 형성 초기 반응에 영향을 주어, 열역학적으로 더 안정한 상이 형성되도록 한다.

SEI 층이 열역학적으로 평형 상태를 유지하는 것은 장기적인 전지 성능을 위해 필수적이다. 충·방전 과정에서 SEI 층이 안정적으로 유지되면, 전극과 전해질 간의 계면 반응이 최소화되고, 전지의 내부 저항이 일정하게 유지된다. 이를 통해 전지의 효율과 수명을 높일 수 있으며, 특히 고온 환경에서도 안정적인 작동이 가능하다. SEI 층의 열역학적 안정성을 보장하기 위

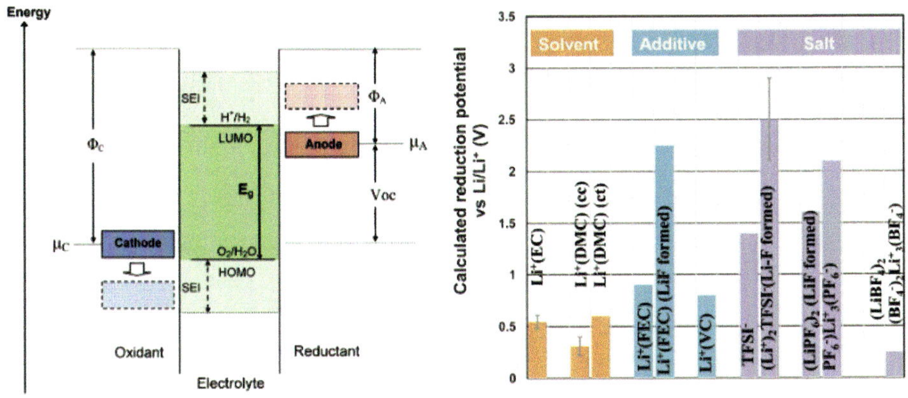

▲ 그림 전해질의 에너지 다이어그램과 그 구성 성분의 환원 전위
(출처: https://doi.org/10.1038/s41524-018-0064-0)

해서는 전해질의 조성뿐만 아니라, 전극 재료와의 상호작용도 고려해야 한다. 예를 들어, 고체 전해질을 사용하는 경우 전극 표면과의 계면에서 발생하는 화학적 반응을 억제하기 위해 계면 개질을 진행할 수 있다. 세라믹 코팅이나 보호층을 도입하여 전극과 전해질 간의 불안정한 상호작용을 줄이고, SEI 층의 안정성을 높이는 것이 중요하다.

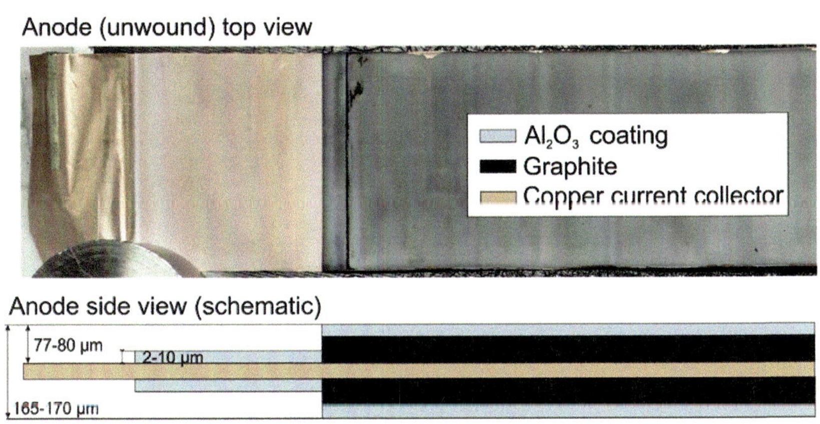

▲ 그림 음극 표면의 세라믹 코팅
(출처: https://doi.org/10.1016/j.jpowsour.2017.07.062)

❷ 전극–전해질 계면 반응의 제어

전극-전해질 계면에서 발생하는 반응을 효과적으로 제어하는 것은 이차전지의 성능과 안정성을 극대화하는 데 핵심적인 역할을 한다. 고체 전해질과 전극 사이의 계면 반응은 전지의

충·방전 성능, 열적 안정성, 그리고 장기적 신뢰성에 직접적인 영향을 미친다. 이러한 계면 반응을 억제하고 조절하기 위해 계면 개질, 첨가제 적용, 열역학적 분석 등을 포함한 다양한 전략이 필요하다.

전극과 전해질이 맞닿는 계면에서는 전해질의 화학적 분해와 전극의 화학적 불안정성 때문에 복잡한 반응들이 발생할 수 있다. 이러한 반응은 전지 내부의 저항을 증가시키고, 결과적으로 전지의 에너지 효율과 수명을 저하할 수 있다. 따라서, 계면 반응을 제어하고 안정적인 계면을 유지하기 위한 다양한 기술들이 개발되고 있다. 특히, 계면 개질을 통해 계면에서의 화학 반응을 억제하는 것이 효과적인 방법으로 활용된다.

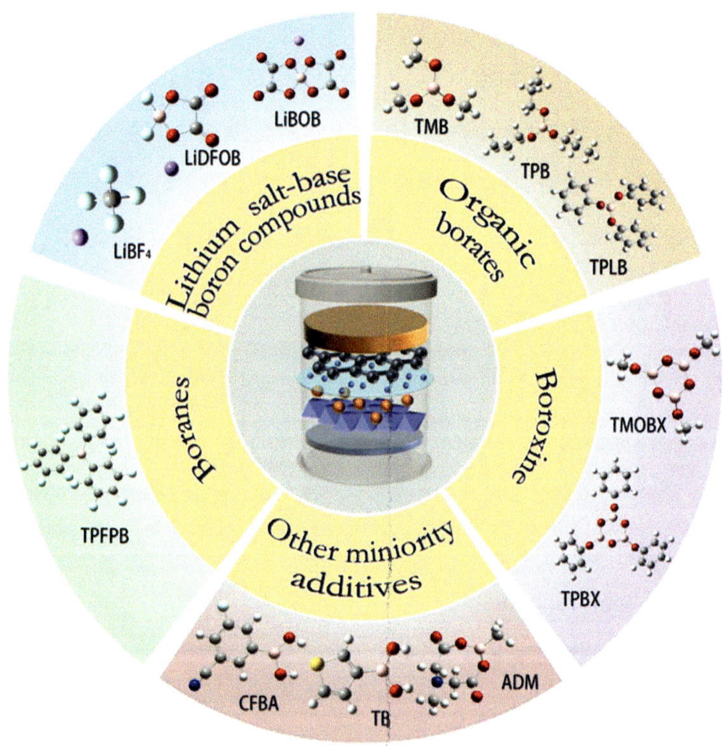

▲ 그림 보론(Boron) 원소를 포함하는 다양한 전해질 첨가제
(출처: https://doi.org/10.1016/j.surfin.2024.104309)

예를 들어, 리튬 이온 전도성을 높이는 첨가제를 계면에 적용하면 전해질과 전극 간의 화학적 상호작용을 줄이고 계면 저항을 낮출 수 있다. **리튬 보론계 화합물**이나 **황 계열의 고체 전해질 첨가제**는 계면에서 열역학적으로 안정한 화합물을 형성하여, 전극과 전해질 간의 부반응을

억제하고 전지 내부 저항을 줄이는 역할을 한다. 이를 통해 전지의 충·방전 성능이 개선되며, 장기적인 성능 안정성도 확보할 수 있다.

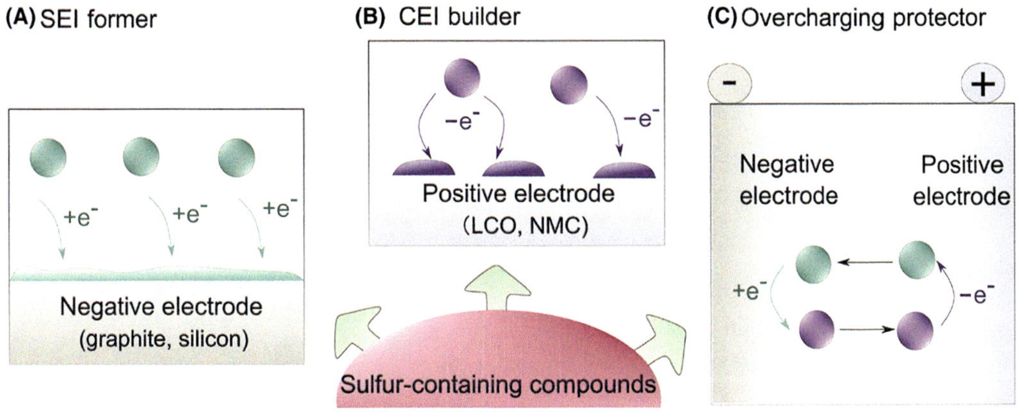

▲ 그림 황(Sulfur) 원소를 포함하는 전해질 첨가제의 효과
(출처: https://doi.org/10.1002/inf2.12235)

또한, **리튬 인산염(Li_3PO_4) 계열의 코팅**을 계면에 적용함으로써 계면에서 발생할 수 있는 부반응을 억제하고, 리튬 이온의 이동을 원활하게 하는 효과를 얻을 수 있다. 이러한 코팅은 전극과 전해질 간의 직접적인 화학적 접촉을 차단하여 계면 저항을 최소화하고, 전지의 효율적인 충·방전을 가능하게 한다. 특히, 리튬 인산염 계열의 코팅은 고온 환경에서도 안정성을 유지하기 때문에, 전지의 열적 안정성을 높이는 데 중요한 역할을 한다.

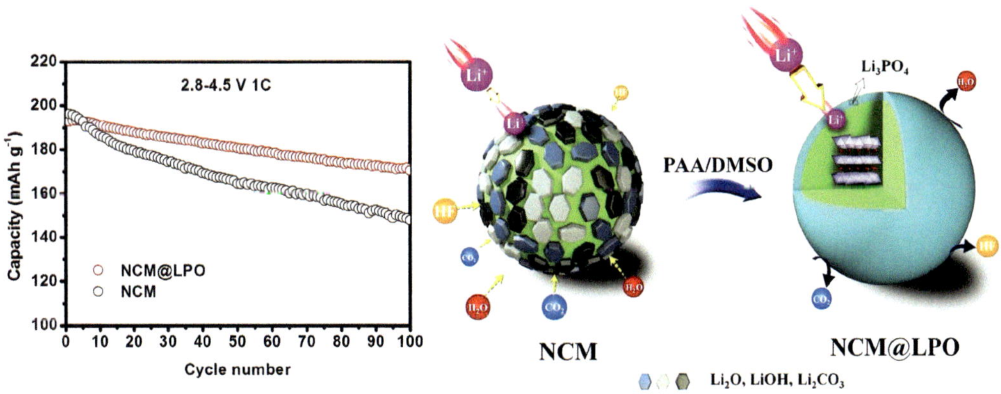

▲ 그림 Li_3PO_4이 표면에 코팅된 NCM 양극의 효과
(출처: https://doi.org/10.1016/j.apsusc.2019.144506)

고체 전해질과 전극 간의 계면 상평형을 이해하고 최적화하기 위해서는 상도와 열역학적 분석이 필수적이다. 상도는 특정 온도와 조성에서 형성되는 상의 종류와 그 안정성을 시각적으로 나타내며, 이를 통해 계면에서 발생할 수 있는 다양한 반응과 그 영향력을 예측할 수 있다. 예를 들어, 리튬-니켈-산소 삼원계 상도를 활용하여 니켈 기반 전극과 리튬 고체 전해질 간의 계면에서 형성될 수 있는 상을 예측하고, 이를 바탕으로 계면 안정화를 위한 재료 조합을 최적화할 수 있다. 이러한 접근을 통해 계면에서 발생할 수 있는 부반응을 미리 예측하고, 이를 억제함으로써 전지의 열적 안정성을 개선하고 장기적인 성능을 유지할 수 있다.

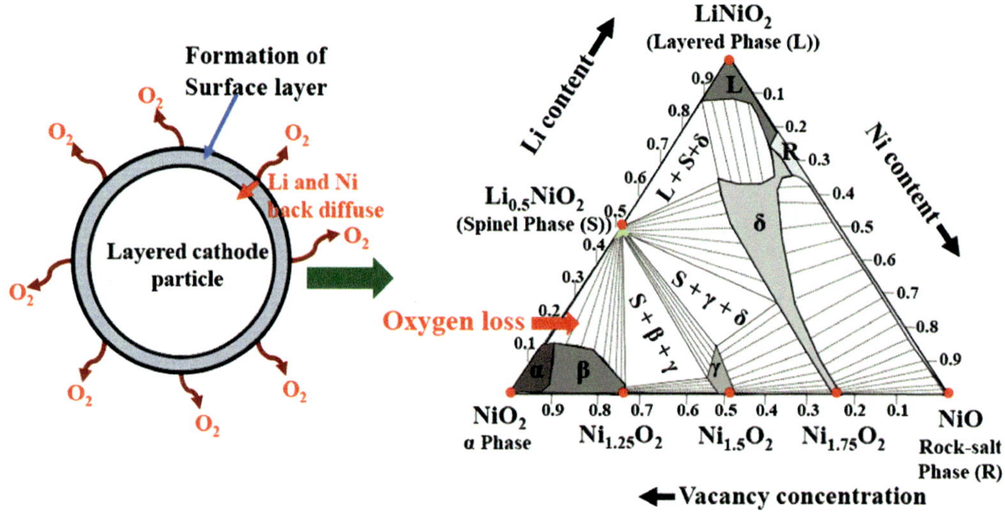

▲ 그림 (Li–Ni–vacancy)–O의 삼원계 상도를 통한 구조 변화 예측
(출처: https://doi.org/10.1021/acs.chemmater.7b02546)

또 다른 계면 개질 방법으로는 금속 산화물 나노입자를 계면에 적용하는 방식이 있다. 예를 들어, 티타늄 산화물(TiO_2) 나노입자를 전극 표면에 코팅하면 계면에서 전자와 리튬 이온의 이동 경로를 개선할 수 있다. 이러한 나노입자는 계면에서의 전기적 및 이온적 전도성을 동시에 개선하여 전지의 내부 저항을 줄이는 데 효과적이다. 또한, 티타늄 산화물은 열적 안정성이 높아 고온 환경에서도 안정한 계면을 유지할 수 있어 전지의 안전성을 높인다.

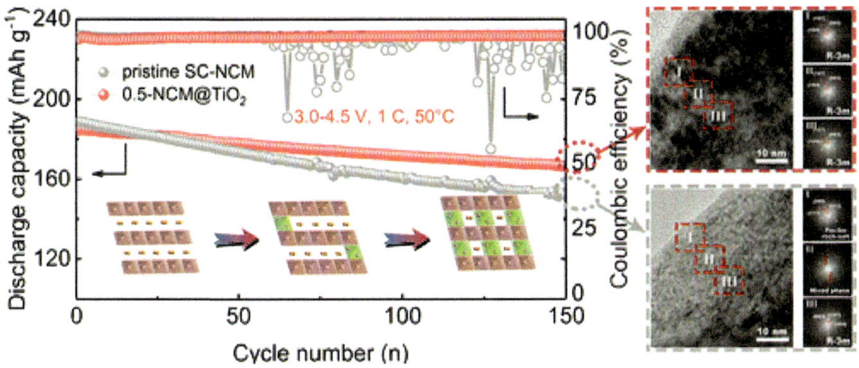

▲ 그림 TiO_2가 표면에 코팅된 NCM 양극의 효과
(출처: https://doi.org/10.1021/acsaem.0c02406)

이처럼, 전극과 전해질 간의 계면 상평형을 이해하고 이를 제어하는 것은 이차전지의 성능과 안정성을 극대화하는 데 매우 중요하다. 계면에서 발생할 수 있는 화학적 반응을 억제하고, 계면 저항을 최소화하기 위해서는 상도와 열역학적 분석을 통한 예측이 필요하며, 이를 바탕으로 첨가제나 코팅 물질의 선택과 적용이 이루어져야 한다. 이러한 접근은 전지의 충·방전 효율을 높이고, 장기적인 신뢰성을 보장하는 데 필수적이다.

2.4 리튬 삽입 및 추출 과정의 상평형 변화

리튬 이차전지에서 리튬의 삽입(insertion)과 탈리(deinsertion)는 전지의 충전과 방전 과정에서 매우 중요한 역할을 한다. 이 과정에서 발생하는 상변화는 전극 재료의 열역학적 안정성, 에너지 밀도, 충전 속도 등 다양한 성능에 직접적인 영향을 미친다. 리튬 이온이 전극 내로 삽입되거나 탈리될 때, 전극 물질 내에서 다양한 상변화가 발생하며, 이러한 상변화는 전지의 출력 특성 및 장기적인 안정성을 결정짓는 중요한 요소로 작용한다.

(1) 양극의 상변화

리튬의 삽입 및 탈리 과정에서 양극 재료는 단일 상변화 또는 다중 상변화를 겪을 수 있다. 이러한 상변화의 종류는 양극 물질의 조성과 구조에 따라 달라지며, 각 상변화가 전지의 성능에 미치는 영향도 다르다.

❶ 단일 상변화 (LFP)

단일 상변화는 리튬 이온이 전극 물질에 삽입되거나 탈리될 때, 전극 물질이 하나의 고용체 상에서 리튬 이온을 받아들이거나 내보내는 과정을 의미한다. 이 과정에서는 뚜렷한 상변태 없이 리튬 농도의 변화에 따라 상이 점진적으로 변화하는 것이 특징이다. 이러한 단일 상변화는 주로 $LiFePO_4$ (리튬 철 인산염)과 같은 올리빈(Olivine) 구조를 가진 전극 재료에서 나타난다.

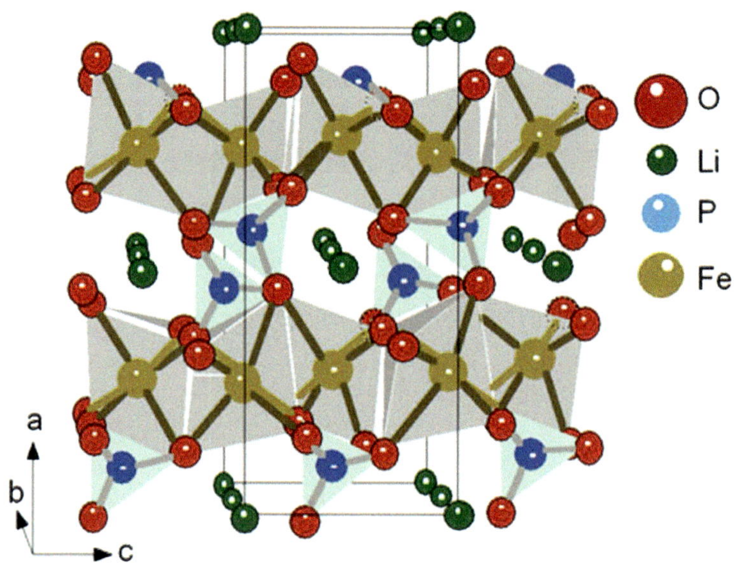

▲ 그림 단일 상변화가 주로 일어나는 $LiFePO_4$의 olivine 구조
(출처: https://doi.org/10.1007/978-3-319-15458-9_2)

단일 상변화의 가장 큰 장점은 전극 재료의 부피 변화가 거의 없다는 것이다. 이는 전극의 구조적 안정성을 유지하는 데 매우 유리하며, 전지의 열적 안정성을 높이는 데 기여한다. 예를 들어, $LiFePO_4$의 경우 리튬 이온이 삽입되거나 탈리될 때 고용체 상으로서 점진적인 변화를 겪기 때문에, 전압 곡선에서 비교적 평탄한 구간이 나타난다. 이는 전지의 출력 특성이 안정적임을 의미하며, 충·방전 과정에서 열적 불안정성을 최소화할 수 있다. 이러한 이유로 $LiFePO_4$와 같은 단일 상변화 전극 물질은 안정적인 에너지 저장이 중요한 응용 분야에서 널리 사용된다.

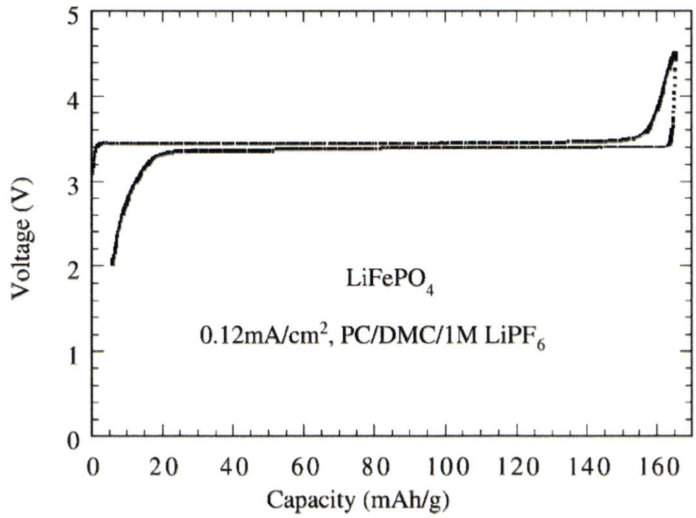

▲ 그림 $LiFePO_4$ 양극 셀의 충 · 방전 곡선
(출처: https://doi.org/10.1016/S0378-7753(03)00239-8)

단일 상변화가 일어나는 이유는 리튬 이온이 삽입될 때 전극 내의 구조적 안정성을 유지하기 위한 것이다. 올리빈 구조와 같은 결정 구조는 리튬의 삽입 및 탈리에 따라 원자 배열이 비교적 유연하게 변화할 수 있어, 고용체 상의 형태를 유지하면서 부피 변화가 적고 상변태 없이 에너지를 저장할 수 있게 된다. 이러한 구조적 특성 덕분에 전극 물질은 반복적인 충·방전 과정에서도 안정적인 물리적 특성을 유지할 수 있으며, 이로 인해 장기적인 사용 수명과 높은 안전성을 제공한다.

또한, 단일 상변화는 충전 및 방전 속도에도 긍정적인 영향을 미친다. 리튬 이온이 전극 물질 내에서 고르게 분포하며 이동하기 때문에 내부 저항이 낮아져, 빠른 충·방전이 가능하다. 이로 인해 전력 밀도가 중요한 응용, 예를 들어 전기 자동차와 같은 분야에서 단일 상변화를 겪는 전극 재료가 많이 사용된다. 전지의 안정성을 유지하면서도 높은 출력 특성을 보장할 수 있는 것이 단일 상변화 전극의 큰 장점이다.

❷ 다중 상변화 (LCO)

다중 상변화는 리튬 이온이 전극에 삽입되거나 탈리될 때, 두 개 이상의 상이 존재하며 이들이 상호 전환되는 과정을 의미한다. 이는 리튬 농도가 특정 임계치를 초과하거나 하락할 때,

기존의 고용체 상이 더 이상 열역학적으로 안정하지 못하고 새로운 상이 형성되거나 기존 상이 소멸하면서 발생한다. 이러한 현상은 주로 $LiCoO_2$ (LCO), $LiMn_2O_4$ (LMO), 그리고 Li(Ni, Co, Mn)O_2 (NCM)와 같은 복합 산화물 전극에서 관찰된다. 이 전극 재료들은 각각의 조성, 구조적 특성, 그리고 열역학적 안정성에 따라 다중 상변화를 겪으며, 이는 전지 성능과 안정성에 직접적인 영향을 미친다.

$LiCoO_2$는 가장 널리 연구되고 상용화된 양극 재료 중 하나로, 다중 상변화를 이해하는 데 중요한 모델 시스템으로 여겨진다. 이 전극에서 리튬 이온이 삽입되거나 탈리되는 과정은 전압과 리튬 농도에 따라 복잡한 상변화를 동반하며, 이러한 상변화는 전지의 성능과 안정성에 결정적인 영향을 미친다. 초기 충전 상태에서 LCO는 고체 용액 상으로 유지되며, 이 상태에서는 리튬 이온이 코발트 산화물 구조 내에서 균일하게 분포한다. 이 고용체 상에서는 리튬 이온의 이동이 비교적 자유롭고, 전극의 구조적 안정성도 유지되기 때문에 전지의 전기화학적 특성이 안정적이다. 그러나 충전이 진행되어 리튬 농도가 특정 수준 이하로 감소하면, 기존의 고체 용액 상이 열역학적으로 더 이상 안정하지 않게 된다. 이때 새로운 결정 상이 형성되며, 기존 상과 공존하는 다중 상변화가 발생한다.

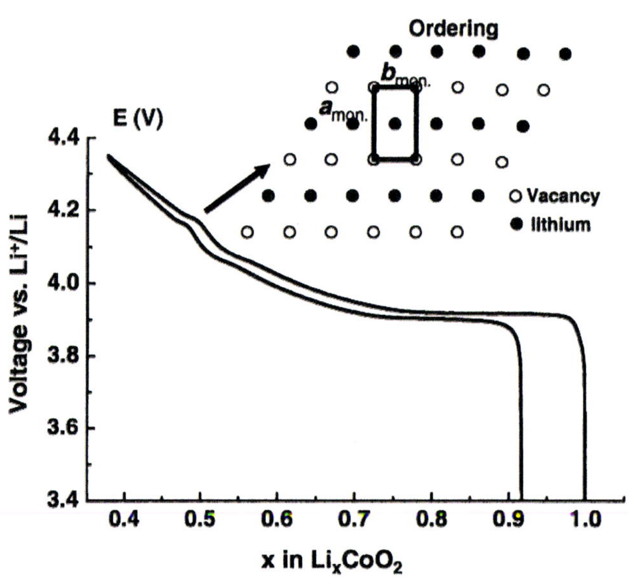

▲ 그림 리튬 이온의 삽입에 의한 $LiCoO_2$ 양극의 상변화
(출처: https://doi.org/10.1007/978-0-387-92675-9_16)

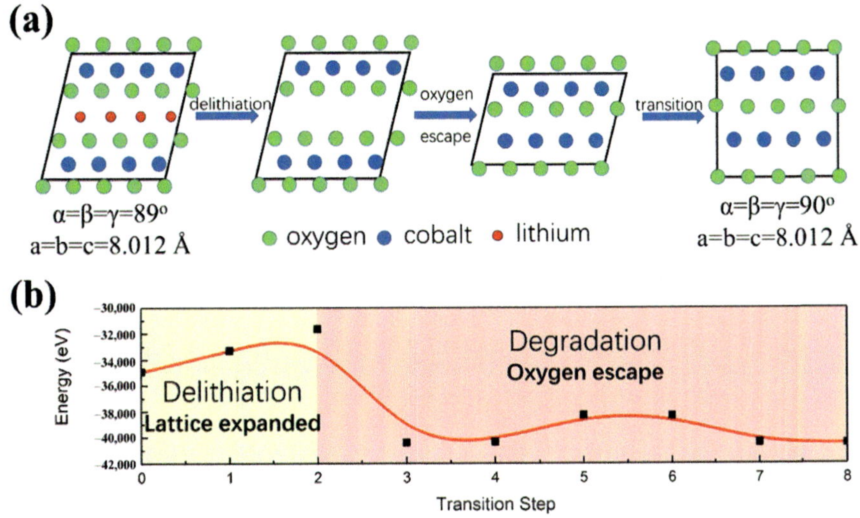

▲ 그림 리튬 이온의 탈리에 의한 $LiCoO_2$ 양극의 (a) 상변화와 (b) 전기화학적 특성 변화
(출처: https://doi.org/10.3390/ma14020242)

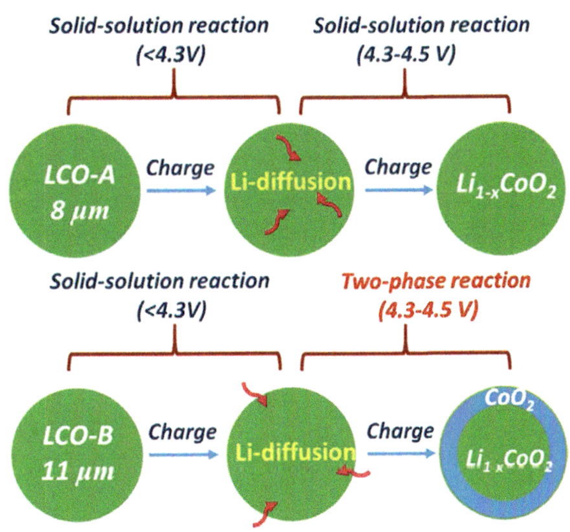

▲ 그림 $LiCoO_2$ 양극의 상변화 과정
(출처: https://doi.org/10.1002/jccs.201900448)

충전 전압이 약 4.3V를 초과할 때, LCO에서 CoO_2 상이 형성되는 것이 대표적인 예이다. 이 과정은 리튬 농도의 감소와 밀접하게 관련이 있으며, 구조적으로 리튬 이온이 빠져나가면서 코발트 산화물의 결정 구조가 변화하게 된다. CoO_2 상의 형성은 전지의 전압-용량 곡선에서 급격한 전압 변화로 나타난다. 이러한 급격한 변화는 출력 특성을 불안정하게 만들며, 특히 고출력 조건에서 전지의 효율성을 저하한다. 또한, 이러한 상변화는 전극 내부에서 부피 팽창과 수축을 유발하여 구조적 손상을 초래한다. LCO 구조는 충·방전 과정에서 반복적으로 팽창과 수축을 겪으며, 그로 인해 전극 물질 내부에 미세

균열이 형성될 수 있다. 시간이 지남에 따라 이러한 균열은 점차 확산하여 전극의 전기화학적 성능을 저하할 뿐만 아니라, 전지 수명을 단축하는 주요 원인으로 작용한다.

다중 상변화를 제어하지 않을 경우, 전지 성능 저하와 안정성 문제를 피하기 어렵다. 이를 해결하기 위해 다양한 전략이 연구되고 있으며, 표면 코팅 기술은 그중 가장 효과적인 접근법 중 하나로 주목받고 있다. LCO 전극의 표면에 세라믹 물질을 코팅하면, 전해질과 전극 간의 계면 반응을 억제하고, 다중 상변화로 인한 구조적 손상을 줄일 수 있다. 예를 들어, 알루미늄 산화물(Al_2O_3)과 지르코늄 산화물(ZrO_2) 코팅은 LCO 표면에서 화학 반응을 줄이고, 열적 안정성을 향상하는 데 효과적이다. 이들 코팅 물질은 전극의 계면에서 보호막 역할을 하여, 리튬 이온의 삽입 및 탈리 과정에서 발생하는 응력을 분산시킨다. 이를 통해 전극의 구조적 손상이 억제되며, 전지의 장기적 안정성이 크게 향상된다.

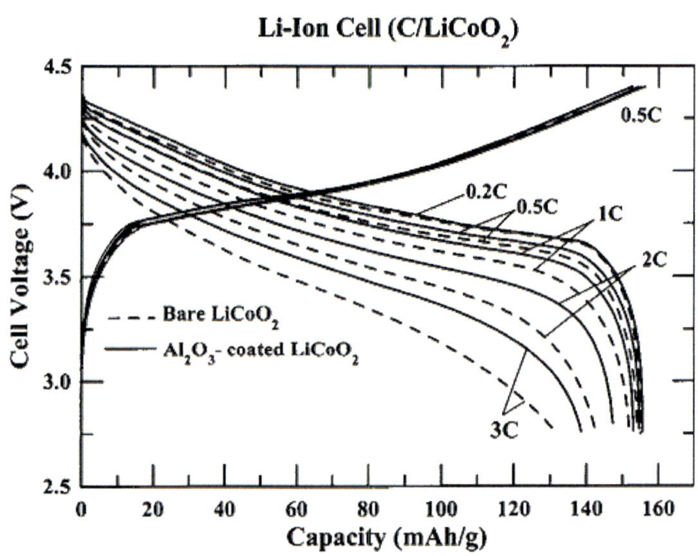

▲ 그림 LCO의 Al_2O_3 표면 코팅 효과
(출처: https://doi.org/10.1021/cm000511k)

또한, 전극 입자의 크기와 형태를 최적화하는 것도 다중 상변화를 제어하는 데 효과적이다. 입자의 크기를 줄이면 리튬 이온의 확산 거리가 단축되어 충·방전 속도를 증가시킬 수 있다. 그러나 입자가 지나치게 작아지면 표면적이 증가하여 계면 반응이 활발해질 수 있으므로, 적정 크기를 유지하는 것이 중요하다. 가령, 약 300nm 크기의 LCO 입자는 리튬 이온 확산 경로를 최적화하면서도 계면 반응을 최소화하여 전지 성능을 개선할 수 있다는 사실이 밝혀진 바 있다. 입자의 형태를 구형에서 판상형이나 나노 크기로 변환하면, 리튬 이온의 이동 효율을 더욱 극대화할 수 있으며, 전극 내부의 응력 분포를 균일하게 만들어 구조적 손상을 줄이는 데도 기여한다.

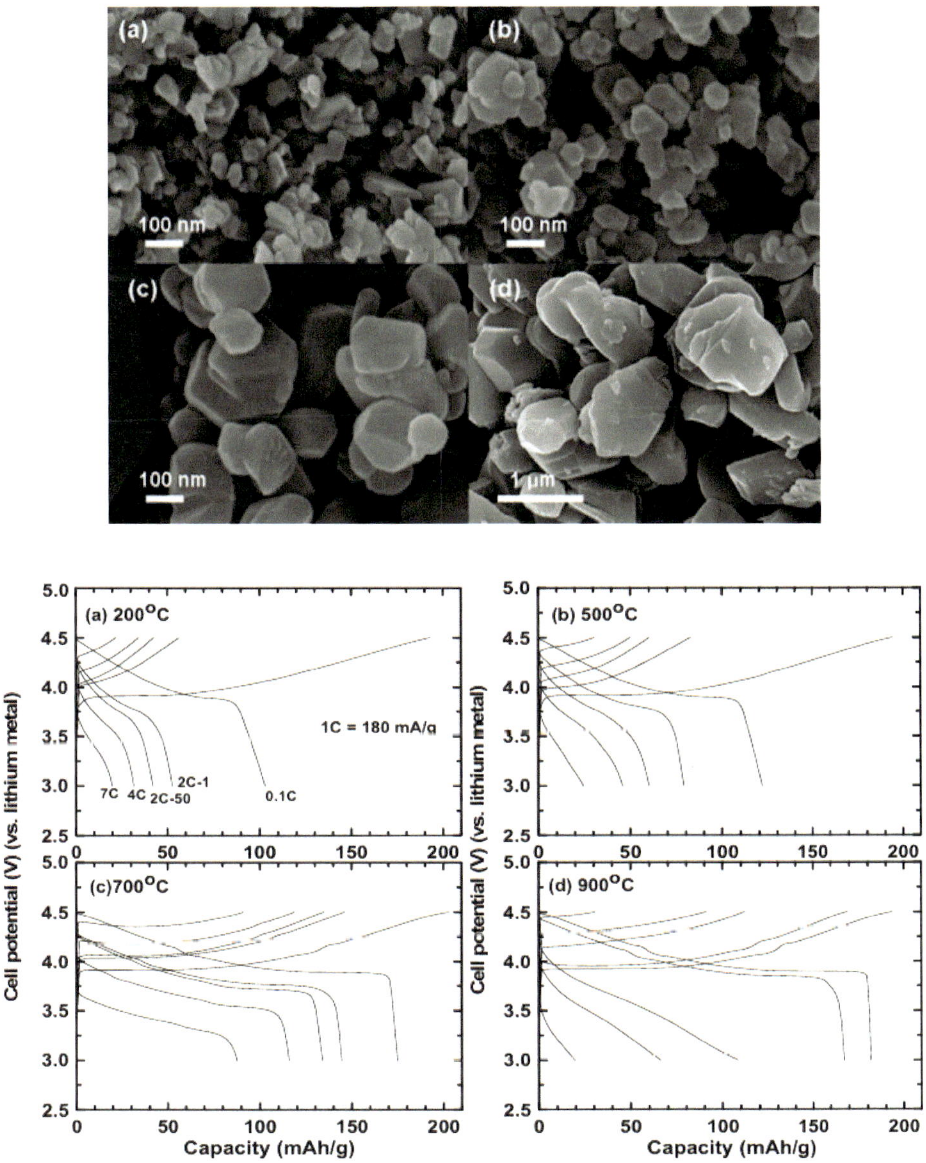

▲ 그림 LCO 입자 크기에 따른 용량 특성 변화
(출처: https://iopscience.iop.org/article/10.1149/1.3111031/meta)

더 나아가, 충전 전압을 적절히 제한하는 전략도 다중 상변화를 억제하는 데 유용하다. 충전 전압을 4.3V 이하로 제한하면 CoO_2와 같은 새로운 상의 형성을 억제할 수 있으며, 이를 통해 구조적 안정성을 유지할 수 있다. 그러나 이러한 접근은 에너지 밀도를 일정 부분 희생해야 한다는 단점이 있다. 따라서, 전압 제한은 표면 코팅 기술이나 입자 최적화와 같은 다른 전략과 결합하여 적용될 때 더 큰 효과를 발휘할 수 있다.

최근에는 고분자 코팅 기술을 통해 LCO의 다중 상변화를 보다 효과적으로 제어하려는 시도도 활발히 이루어지고 있다. 고분자 코팅은 전극 표면에서의 계면 반응을 억제하고, 충 · 방전 과정에서 발생하는 부피 변화로 인한 구조적 손상을 완화하는 데 효과적이다. 특히, 리튬 이온의 이동을 저해하지 않으면서도 화학적 안정성을 제공하는 고분자 재료의 개발이 주목받고 있다.

예를 들어, 폴리비닐리덴 플루오라이드(PVDF) 기반의 코팅은 전해질 분해를 억제하고, 전극 표면에서 안정적인 SEI 층 형성을 유도하여 전지의 수명을 연장할 수 있다. PVDF는 높은 화학적 안정성과 우수한 전기화학적 성능을 제공하여 고전압 충전에서도 전극의 안정성을 유지하는 데 효과적이다.

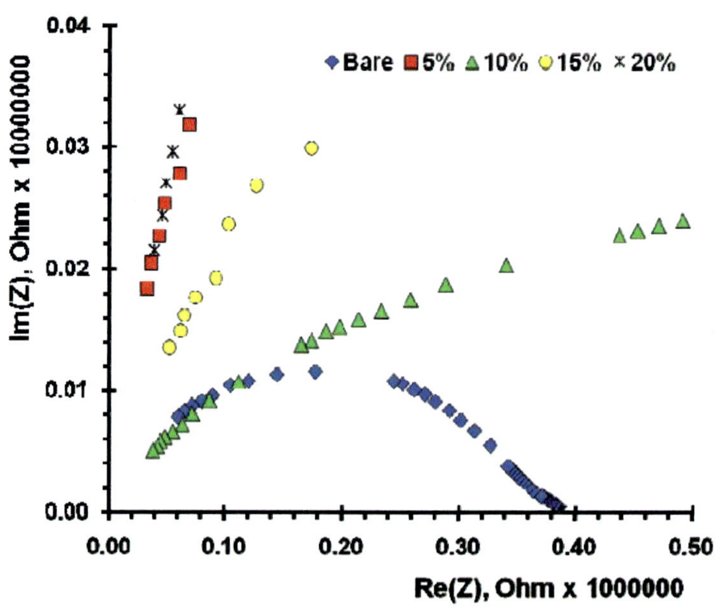

▲ 그림 PVDF 코팅량에 따른 LCO 양극의 임피던스 변화
(출처: https://doi.org/10.1016/j.proche.2012.06.009)

또한, 폴리이미드(PI)와 같은 고온 안정성이 뛰어난 고분자는 열적 안정성이 요구되는 고전압 조건에서도 전극의 물리적 손상을 줄이는 데 기여한다. PI 코팅은 LCO 전극의 열적 안정성을 높이는 동시에, 반복적인 충·방전 과정에서 발생하는 균열 형성을 억제하여 전극의 내구성을 강화한다.

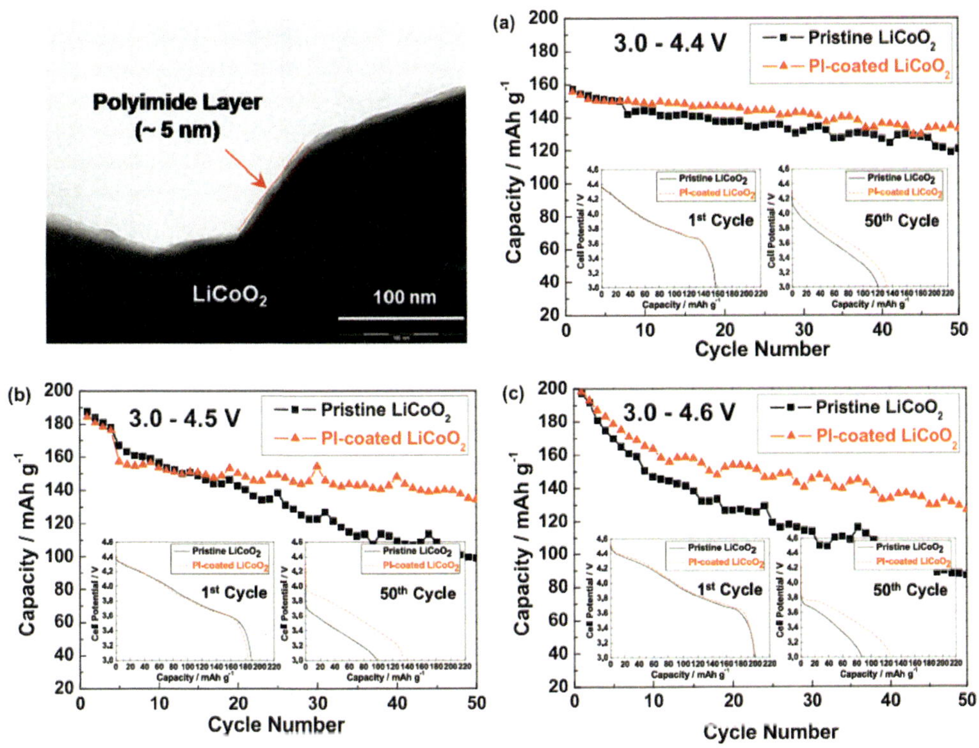

▲ 그림 PI가 코팅된 LCO 양극의 전기화학 특성
(출처: https://doi.org/10.1016/j.electacta.2012.04.073)

고분자 코팅 기술은 전극과 전해질 사이의 화학적 반응을 최소화하여 전지의 장기적인 성능과 안정성을 향상하는 데 중요한 역할을 하고 있다. 이러한 기술적 접근은 LCO 전극에서 다중 상변화로 인한 부작용을 줄이고, 고전압에서의 안정성을 확보하는 데 기여하고 있다.

3 다중 상변화 (NCM)

$Li(Ni, Co, Mn)O_2$ (NCM)는 니켈, 코발트, 망간이 조합된 복합 산화물 전극으로, 높은 에너지 밀도와 뛰어난 전기화학적 성능을 제공하지만 다중 상변화의 복잡성과 구조적 안정성 문

제가 동시에 나타나는 특징을 지닌다. 특히, 니켈 함량이 증가할수록 에너지 밀도는 상승하지만, 열적 및 구조적 안정성이 감소하는 경향을 보이며, 이는 니켈 이온이 리튬 이온의 삽입 및 탈리 과정에서 산화 상태가 변화하면서 결정 구조에 심각한 영향을 미치기 때문이다.

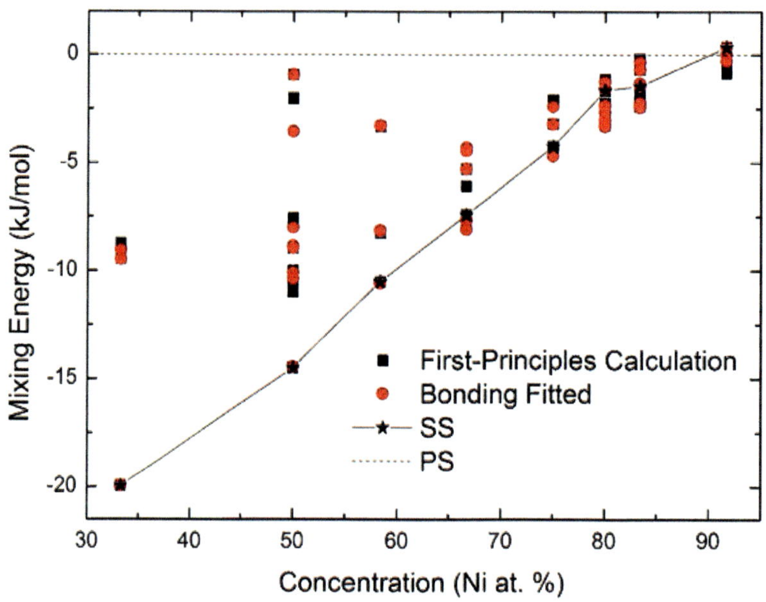

▲ 그림 Ni 함량에 따른 NCM 양극의 혼합 에너지 변화
(출처: https://doi.org/10.1021/acs.jpcc.6b00369)

NCM 전극의 초기 충전 단계에서는 고용체 상이 비교적 안정적으로 유지된다. 리튬 이온은 전극 결정 구조 내에서 균일하게 분포하며, 이 상태에서는 전압-용량 곡선이 완만하고 출력 특성이 안정적이다. 그러나 리튬 농도가 특정 임계값 이하로 감소하면 기존의 고용체 상이 열역학적으로 더 이상 안정하지 못하고 새로운 결정상이 형성되며, 다중 상변화가 발생한다. 이 과정은 결정 구조의 부피 팽창과 수축을 동반하며, 전극 내부에서 균열을 유발한다. 특히, 니켈 함량이 높은 NCM811 전극에서는 이러한 문제가 더욱 심각하게 나타난다. 결정 구조의 불안정성은 반복적인 충·방전 과정에서 심화되어 전극 물질의 성능 저하와 전지 수명 단축의 주요 원인이 된다.

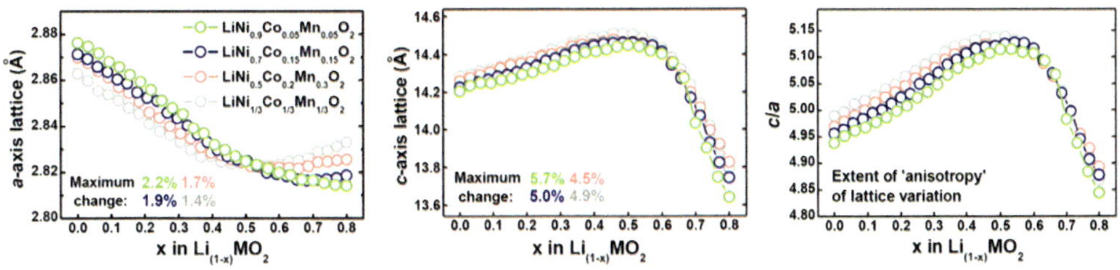

▲ 그림 Li 이온 함량에 따른 NCM의 구조 변화
(출처: https://doi.org/10.1021/jacs.8b13798)

NCM 전극의 다중 상변화를 제어하기 위해 다양한 전략이 개발되고 있다. 우선, 니켈 함량을 조정하고 망간과 코발트의 비율을 최적화하는 방법이 널리 연구되고 있다. 망간은 결정 구조의 안정성을 강화하며, 코발트는 전기화학적 특성을 보완하여 니켈의 높은 화학적 활성도를 상쇄한다. 이러한 조성 최적화는 NCM 전극의 열역학적 안정성을 향상하고, 다중 상변화로 인한 구조적 손상을 줄이는 데 기여한다.

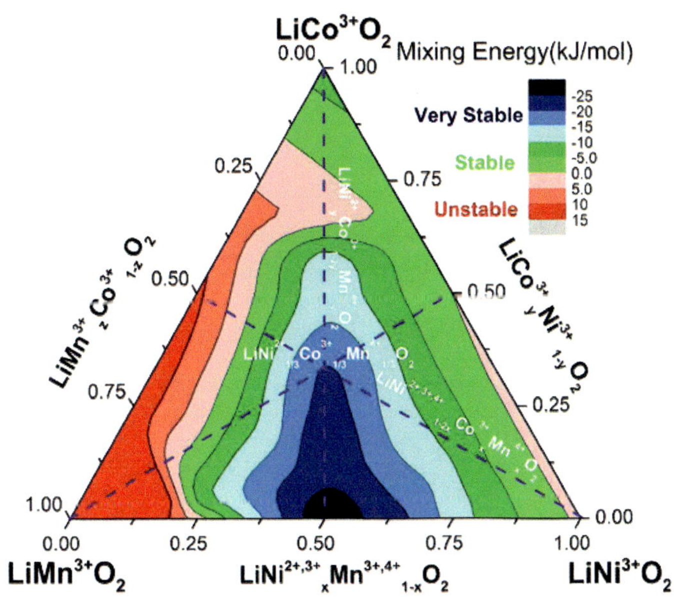

▲ 그림 NCM 양극의 조성별 안정성을 설명하는 phase diagram
(출처: https://doi.org/10.1021/acs.jpcc.6b00369)

또한, NCM 전극의 표면에 세라믹 코팅을 적용하는 기술도 효과적인 접근법으로 주목받고 있다. 알루미늄 산화물(Al_2O_3) 또는 실리콘 산화물(SiO_2)과 같은 세라믹 코팅은 계면에서 발생하는 화학적 반응을 억제하며, 전극의 열적 안정성을 높인다. 이러한 코팅은 특히 니켈 함량이 높은 NCM 전극에서 다중 상변화로 인한 열적 불안정을 완화하고, 전지의 장기적인 성능을 향상하는 데 효과적이다.

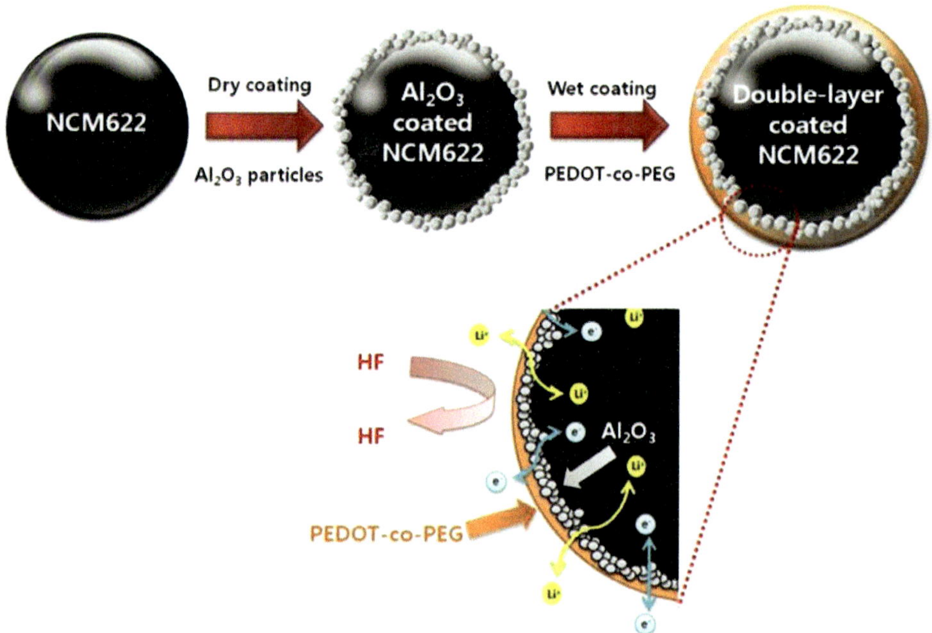

▲ 그림 Al_2O_3 코팅층이 표면에 도입된 NCM 전극의 효과
(출처: https://doi.org/10.1021/acsami.5b02690)

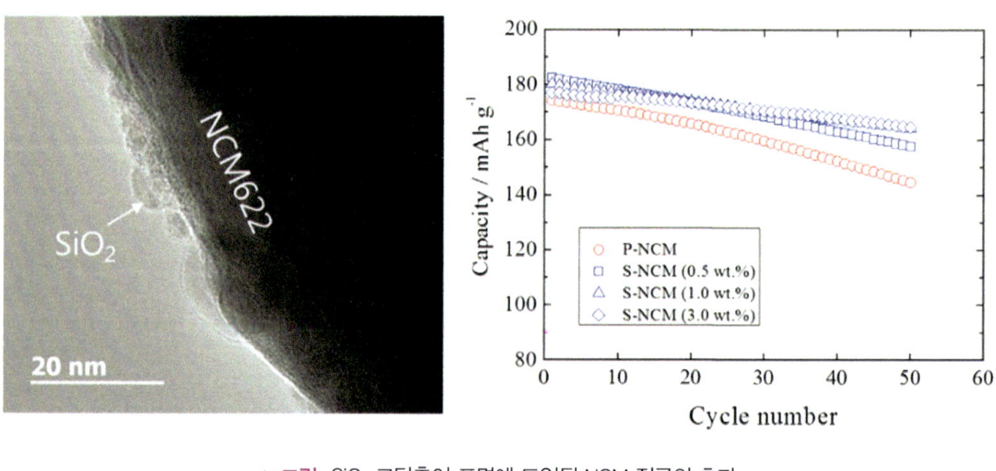

▲ 그림 SiO_2 코팅층이 표면에 도입된 NCM 전극의 효과
(출처: https://doi.org/10.1016/j.jpowsour.2014.12.128)

나노 구조 설계 역시 중요한 전략으로, 전극 물질의 입자 크기와 형태를 최적화하여 내부 응력을 분산시키고 다중 상변화로 인한 부피 팽창을 감소시킬 수 있다. 작은 입자는 리튬 이온의 확산 거리를 줄여 충·방전 속도를 높이고, 상변화로 인한 구조적 손상을 완화한다. 동시에, 입자의 형태를 최적화하면 리튬 이온의 삽입 및 탈리가 더욱 균일하게 이루어져 결정 구조의 안정성이 증가한다.

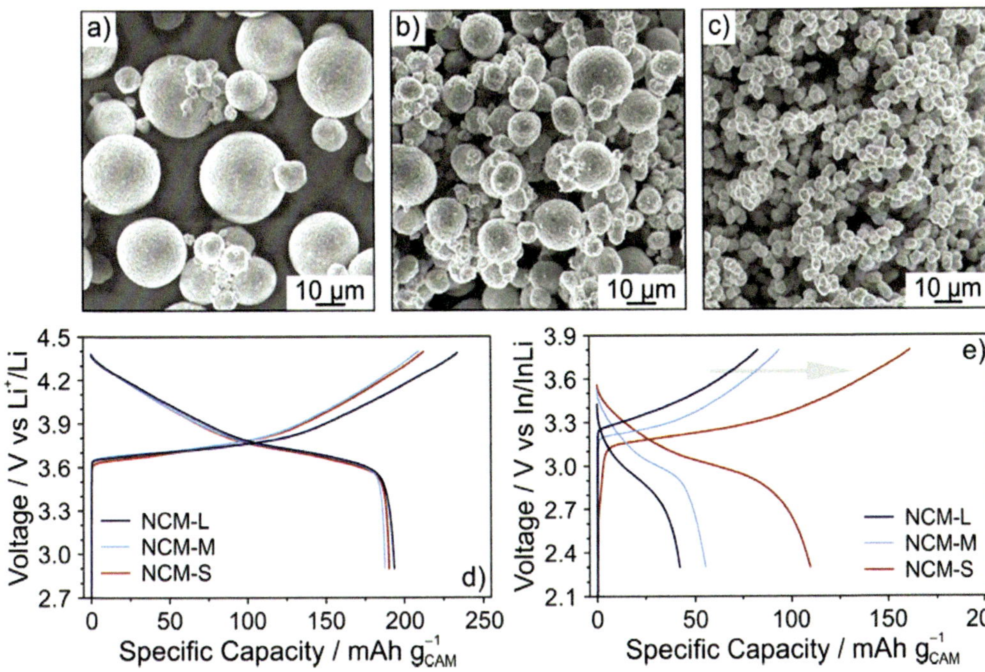

▲ 그림 NCM622의 입자 크기 감소에 따른 배터리의 용량 증가
(출처: https://doi.org/10.1021/acsenergylett.8b00275)

최근에는 이러한 접근법들을 결합하여 NCM 전극의 다중 상변화를 더욱 효과적으로 제어하려는 시도가 이루어지고 있다. 니켈, 코발트, 망간의 비율을 최적화하고, 표면 코팅 기술과 나노 구조 설계를 통합하는 방식은 전지의 에너지 밀도와 안정성 간의 상충 관계를 해결하는 데 기여한다. 이를 통해 NCM 전극은 고성능과 장기적 안정성을 동시에 확보할 수 있는 차세대 전지 재료로 자리매김하고 있다.

(2) 음극의 상변화

리튬 이온 전지에서 음극은 전자의 흐름과 함께 리튬 이온의 삽입 및 탈리 과정을 지원하며, 이 과정에서 전지 성능에 중요한 영향을 미치는 다양한 상변화를 겪는다. 음극 재료로 주로 사용되는 탄소 기반 물질(예: 흑연)과 실리콘은 각각 상변화 메커니즘과 구조적 안정성에서 고유한 특성이 있으며, 이러한 특성을 이해하고 최적화하는 것이 전지 효율성과 수명을 개선하는 핵심 요소이다.

① 탄소 기반 음극(흑연)의 상변화

탄소 기반 음극은 리튬 이온 전지에서 가장 널리 사용되는 재료 중 하나로, 흑연(Graphite), 경질 탄소(Hard Carbon), 연질 탄소(Soft Carbon), 탄소 나노튜브(Carbon Nanotube), 그래핀

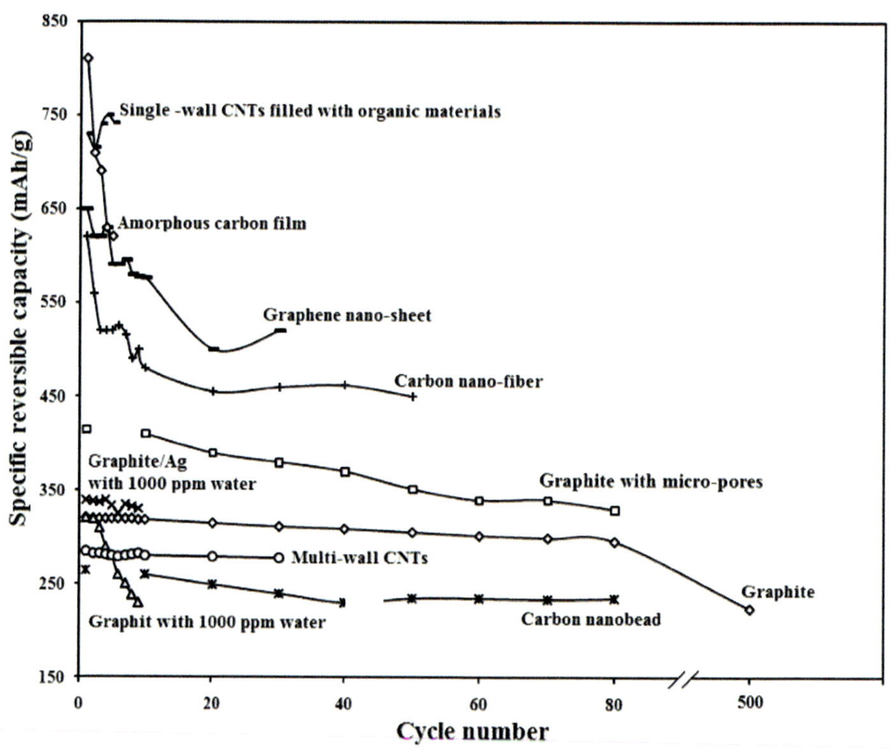

▲ 그림 탄소 기반 음극재의 다양한 종류 및 성능
(출처: https://www.researchgate.net/profile/Ali-Kamali/publication/268883225_Review_on_Carbon_and_Silicon_Based_Materials_as_Anode_Materials_for_Lithium_Ion_Batteries/links/547ac5ba0cf205d1687fb10e/Review-on-Carbon-and-Silicon-Based-Materials-as-Anode-Materials-for-Lithium-Ion-Batteries.pdf)

(Graphene) 등 다양한 형태로 구성된다. 이들 각각은 리튬 이온의 삽입 및 탈리 과정에서 고유한 상변화 메커니즘을 보이며, 이는 전지의 출력 특성과 장기적 안정성을 결정짓는 데 중요한 역할을 한다.

흑연은 리튬 이온 전지의 음극 재료로 널리 사용되며, 리튬 이온 삽입 및 탈리 과정에서 발생하는 상변화는 전지 성능과 안정성에 큰 영향을 미친다.

리튬 이온이 처음 흑연 음극에 삽입되면, 흑연의 층상 구조 내에서 고용체 상이 형성된다. 이 초기 단계에서 리튬 이온은 흑연 층간 공간에 고르게 분포하며, 전극 물질의 열역학적 안정성이 유지된다. 이 과정은 전지의 전압-용량 곡선에서 비교적 평탄한 구간으로 나타나며, 이는 안정적인 출력 특성을 제공한다. 초기 고용체 상이 유지되는 동안 흑연의 층간 간격은 거의 변화하지 않아 부피 변화가 최소화된다. 이러한 특성은 흑연 음극이 반복적인 충·방전 과정에서도 구조적 손상이 적고 긴 수명과 높은 안정성을 제공할 수 있는 이유다.

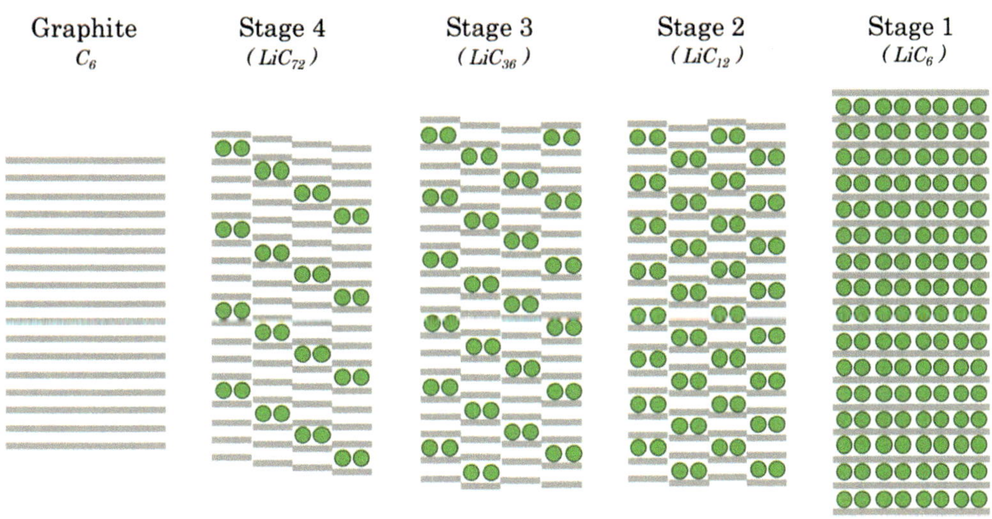

▲ 그림 흑연의 리튬화 과정 (Daumas-Herold model)
(출처: https://iopscience.iop.org/article/10.1149/2.1251802jes)

그러나 리튬 농도가 약 LiC_{12}에 도달하면 상황이 달라진다. 이 임계값을 초과하면 기존의 고용체 상이 더 이상 열역학적으로 안정하지 않게 되며, 새로운 상이 형성되는 2단계 상변태가 발생한다. 이 과정에서 리튬-흑연 층간 화합물(LiC_{24}, LiC_{12}, LiC_6)이 순차적으로 형성되며, 약 10%에 이르는 부피 팽창이 발생한다. 이 부피 변화는 전극 내부 응력을 급격히 증가시키며,

시간이 지남에 따라 미세 균열을 유발한다. 이러한 균열은 전지의 열적 안정성과 구조적 안정성을 저하할 뿐 아니라, 반복적인 충·방전 과정에서 손상이 누적되어 전지 수명을 단축하는 주요 원인이 된다.

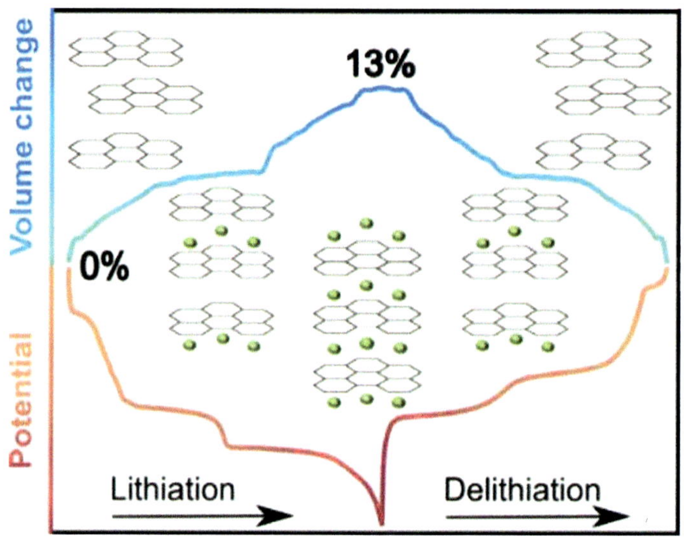

▲ 그림 lithiation / delithiation에 의한 흑연의 부피 변화
(출처: https://doi.org/10.1021/acs.jpcc.8b01873)

리튬 이온 탈리 과정에서도 유사한 상변화가 역순으로 진행된다. 리튬 이온이 흑연 층간 구조를 이탈하면서 상이 점진적으로 고용체 상으로 복귀하게 된다. 그러나 이 과정에서도 2단계 상변태가 진행되며, 이러한 상변태로 인한 응력은 구조적 손상을 가속할 수 있다. 특히 충·방전 속도에 따라 상변화의 양상이 크게 달라진다.

느린 충·방전 속도에서는 리튬 이온이 흑연 층간에 균일하게 분포하며, 상변화가 점진적으로 발생한다. 이로 인해 부피 팽창과 응력 분포가 균일하게 유지되고, 전극의 구조적 안정성이 보호된다. 그러나 고속 충·방전 조건에서는 리튬 이온 이동과 축적이 국소적으로 집중되며, 상변화가 불균일하게 발생한다. 이러한 불균일성은 국소 응력을 급격히 증가시키며, 전극 물질의 균열을 심화시킨다. 특히, 급속 충전 중에는 리튬 플레이팅(Lithium Plating) 현상이 발생할 가능성이 커져 상변화로 인한 손상을 더욱 악화시킬 수 있다. 이는 전지의 열적 안정성을 저하할 뿐 아니라, 출력 특성과 수명을 제한하는 주요 요인으로 작용한다.

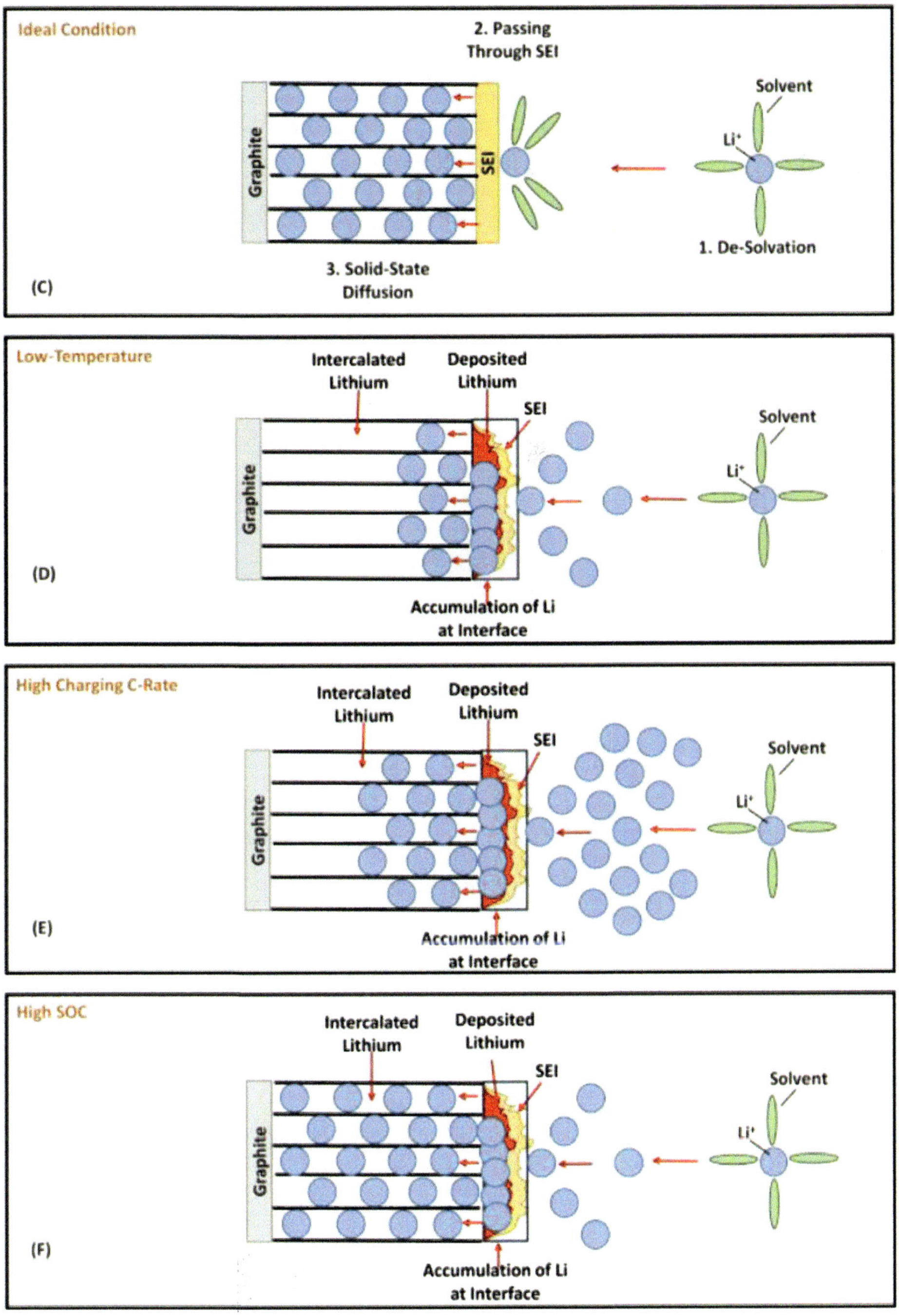

▲ 그림 흑연 음극의 표면에서 발생하는 리튬 플레이팅 현상
(출처: https://www.sciencedirect.com/science/article/abs/pii/S0360128521000514)

상변화로 인한 문제를 해결하기 위한 기술적 접근은 다양하게 시도되고 있으며, SEI(Solid Electrolyte Interphase) 층 형성은 이러한 접근 중 핵심적인 전략으로 꼽힌다. SEI 층은 리튬 이온의 삽입 및 탈리 과정에서 전극 표면에서 발생할 수 있는 부반응을 억제하며, 전극의 화학적 안정성을 유지하는 데 중요한 역할을 한다. 특히, SEI 층은 전해질의 분해로부터 전극을 보호하고, 안정적인 리튬 이온 이동 경로를 제공하여 전지의 장기적인 성능을 보장한다.

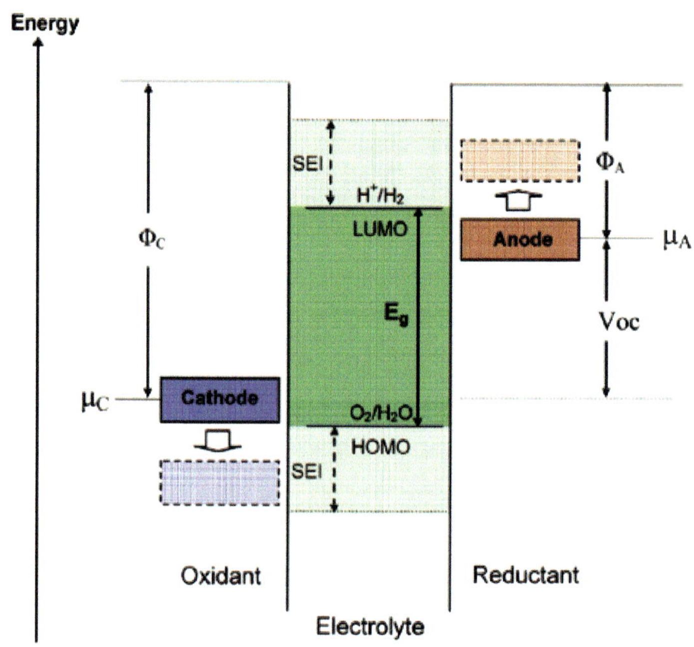

▲ 그림 SEI 층의 생성에 의한 에너지 레벨 변화
(출처: https://doi.org/10.1021/cm901452z)

SEI 층의 성능을 강화하기 위해 플루오르 에틸렌 카보네이트(FEC)와 같은 전해질 첨가제가 널리 사용되고 있다. FEC는 충·방전 과정 중 SEI 층 형성을 촉진하며, SEI 층의 조성을 최적화하는 데 기여한다. FEC의 분해 과정에서 생성되는 LiF(리튬 플루오라이드)는 SEI 층의 주요 구성 성분 중 하나로, 높은 이온 전도성과 낮은 전기 전도성을 동시에 제공하여 SEI 층의 안정성을 크게 향상하는 것으로 알려져 있다. 이는 리튬 이온이 전극 내부에서 원활히 이동할 수 있도록 하면서도, 전기 전도성을 억제하여 전해질 분해를 최소화하기 때문이다. 또한, LiF는 기계적 강도가 높아 SEI 층의 물리적 안정성을 강화하며, 충·방전 과정 중 발생하는 응력으로부터 전극을 보호하는 역할을 한다.

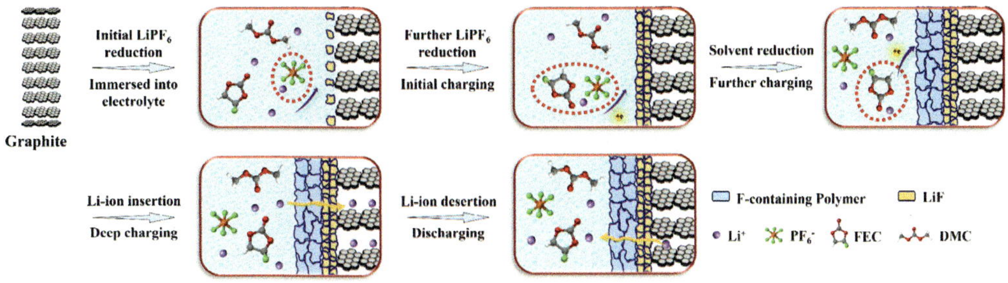

▲ 그림 FEC 첨가제에 의한 SEI 층의 생성 촉진
(출처: https://doi.org/10.1021/acs.jpcc.4c02475)

특히, LiF는 SEI 층의 화학적 내구성을 향상하는 데도 중요한 역할을 한다. LiF는 전해질과 전극 표면 간의 화학적 반응을 억제하며, SEI 층의 재형성을 최소화하여 전지의 내부 저항 증가를 방지한다. 이러한 특성 덕분에 LiF가 포함된 SEI 층은 2단계 상변태로 인해 발생하는 응력을 완화하고, 전극의 장기적인 안정성을 보장하는 데 효과적이다.

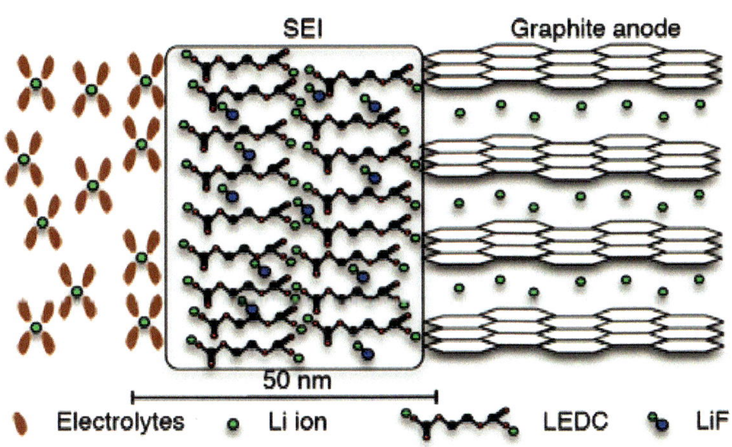

▲ 그림 LiF를 포함하는 SEI 층의 개략도
(출처: https://doi.org/10.1021/jp3118055)

또한, 흑연 입자의 크기와 형태를 최적화하는 방법도 음극의 성능 향상을 위한 효과적인 전략으로 주목받고 있다. 입자의 크기를 줄이면 리튬 이온의 확산 경로가 단축되어 충·방전 속도가 증가하며, 내부 응력이 균일하게 분산된다. 나노미터 크기의 흑연 입자는 리튬 이온 이동의 균일성을 높이고, 전극 물질의 내구성을 강화한다.

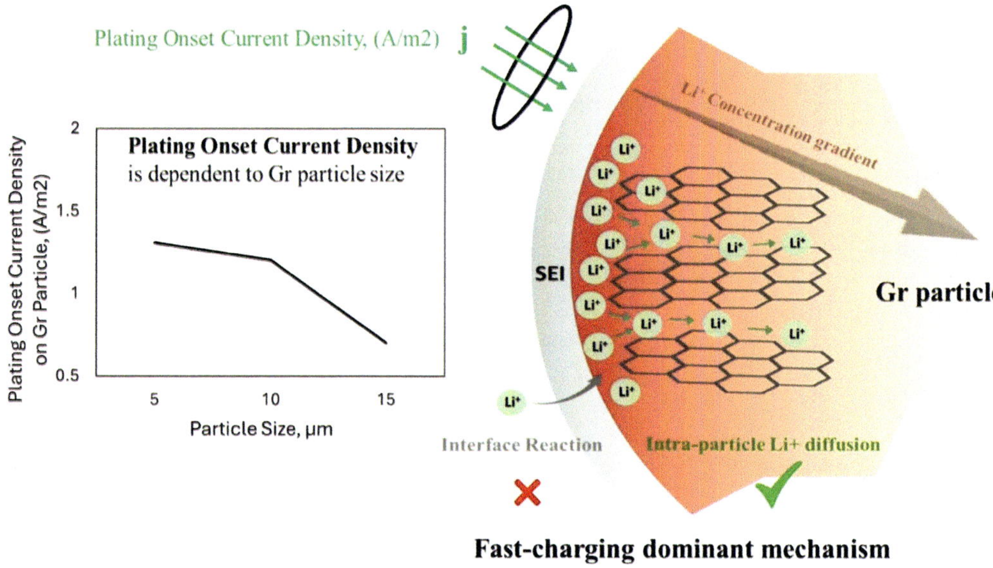

▲ 그림 흑연 입자의 크기에 따른 음극 성능 차이
(출처: https://doi.org/10.1016/j.est.2024.114521)

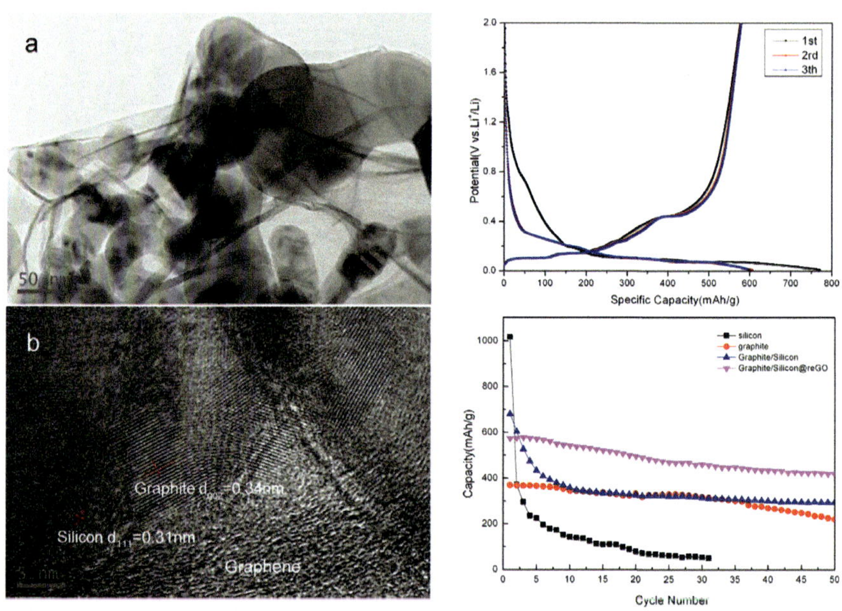

▲ 그림 graphite / silicon / graphene 복합 음극의 전기화학적 성능
(출처: https://doi.org/10.1016/j.electacta.2013.04.083)

더 나아가, 흑연과 실리콘 또는 그래핀과 같은 물질의 복합화는 상변화를 효과적으로 제어하는 데 중요한 역할을 한다. 실리콘은 높은 용량 특성을 제공하지만, 부피 변화 문제가 크다는 단점이 있다. 그러나 흑연과 혼합하여 사용하면 구조적 안정성과 용량 특성을 동시에 향상할 수 있다. 그래핀은 우수한 전기 전도성과 강도를 제공하며, 흑연과 결합하면 상변화로 인한 구조적 손상을 완화하고 열적 안정성을 높이는 데 기여한다. 흑연-실리콘-그래핀 복합체는 각각의 소재가 가진 장점을 극대화하며, 상변화로 인한 손상을 최소화하는 데 이바지한다.

❷ 실리콘 기반 음극의 상변화

실리콘 기반 음극에서 발생하는 상변화는 리튬 이온의 삽입과 탈리 과정에서 나타나는 화학적 및 구조적 변화로, 리튬 이차전지의 안정성과 수명에 큰 영향을 미친다. 실리콘은 이론적으로 흑연보다 약 10배 높은 용량(3579mAh/g)을 제공하는 음극 재료로 주목받고 있지만, 이러한 상변화로 인해 실질적인 활용에는 여러 도전 과제가 따른다.

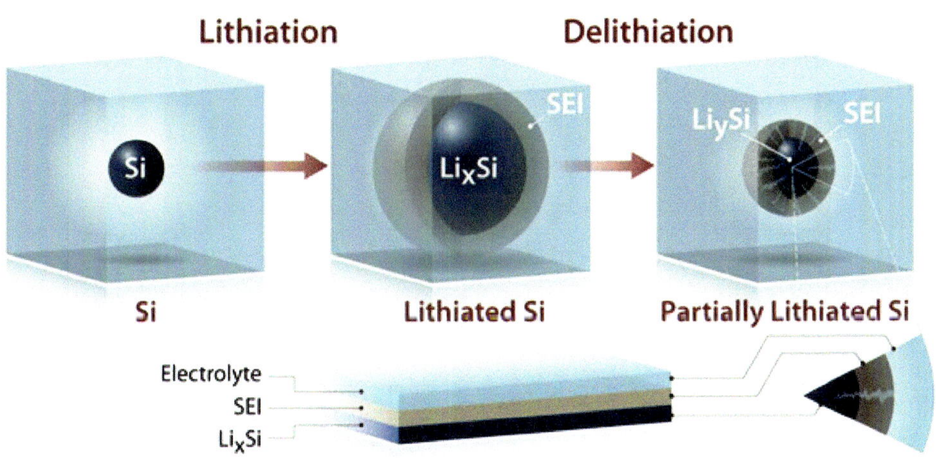

▲ 그림 충 · 방전 반복에 의한 Si 음극의 손상 과정
(출처: https://doi.org/10.1021/acs.jpcc.9b02611)

리튬 이온이 처음 실리콘 음극에 삽입되면, 실리콘의 결정 구조 내에서 리튬과 결합하여 고용체 상(α-Si)이 형성된다. 이 초기 단계에서 리튬은 실리콘 구조 내에 균일하게 분포하며, 전극의 열역학적 안정성이 유지된다. 이 과정에서 전압-용량 곡선은 비교적 평탄하게 나타나고, 출력 특성도 안정적이다. 그러나 리튬 농도가 증가하면서 α-Si는 점차 $Li_{12}Si_7$, $Li_{15}Si_4$와 같

은 초기 리튬-실리콘 상으로 전환된다. 이 상변화는 부피 팽창을 유발하기 시작하며, 이로 인해 전극 내부에 응력이 누적된다.

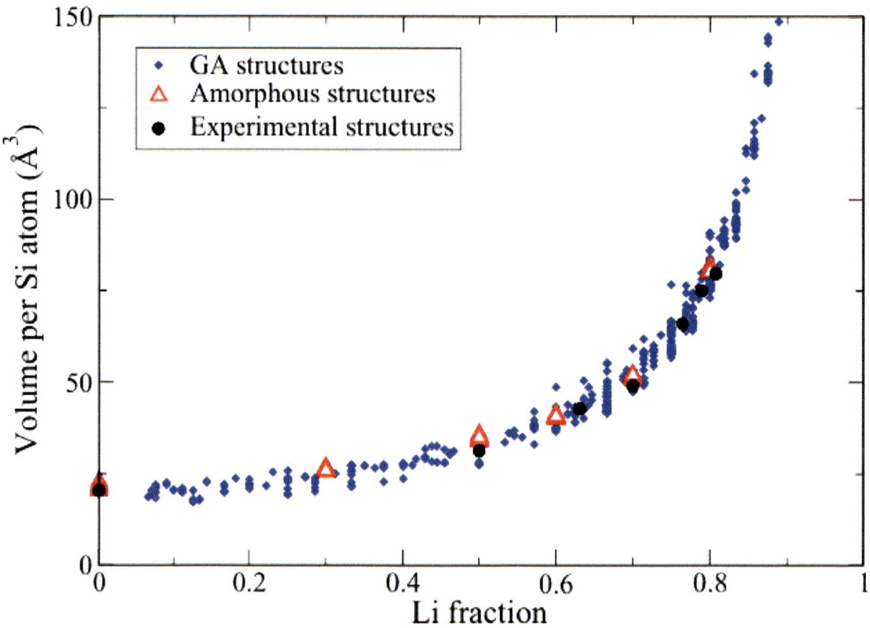

▲ 그림 Li 함량에 따른 Si 음극의 부피 팽창 변화
(출처: https://doi.org/10.1103/PhysRevB.87.184114)

리튬 농도가 임계값을 초과하면, 실리콘은 최종적으로 $Li_{22}Si_5$ 상으로 변환된다. 이 단계에서 실리콘의 부피는 초기 대비 약 300%까지 팽창하며, 이러한 극단적인 부피 변화는 음극 내부에서 심각한 응력을 유발한다. 이로 인해 전극 물질의 구조적 손상과 분말화가 발생하고, 전극-집전체 간의 접촉 손실이 이어지며, 전지의 내부 저항이 증가한다. 이러한 문제는 충전 용량의 감소와 전지 수명의 단축으로 이어진다. 전압-용량 곡선에서도 상변화의 영향을 확인할 수 있는데, 초기 리튬 삽입 단계에서는 비교적 안정적인 평탄 구간이 나타나지만, 리튬 농도가 증가함에 따라 곡선의 기울기가 불규칙해지고 출력 특성이 저하된다.

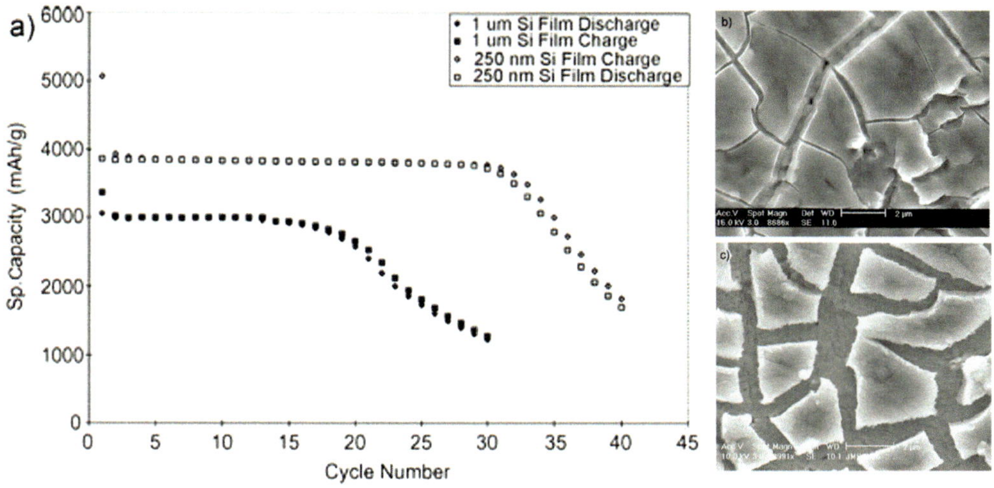

▲ 그림 충·방전 과정에서 손상되는 Si 음극층과 그에 따른 성능 감소 그래프
(출처: https://doi.org/10.1002/smll.200900382)

리튬 이온 탈리 과정에서도 유사한 상변화가 역순으로 발생한다. $Li_{22}Si_5$는 점차 $Li_{15}Si_4$ 및 $Li_{12}Si_7$ 상으로 전환되며, 최종적으로 순수 실리콘으로 복귀한다. 하지만 탈리 과정에서도 부피 수축과 상변화로 인한 응력이 발생하며, 특히 급속 방전 조건에서는 국소적인 응력이 증가해 전극의 구조적 손상을 심화시킬 수 있다. 이는 전지의 열적 안정성을 저하해 장기적인 성능에 부정적인 영향을 미친다.

실리콘 기반 음극에서의 상변화 문제를 해결하기 위한 주요 기술적 접근 중 하나는 나노구조 설계로, 이는 실리콘의 부피 팽창으로 인한 기계적 응력을 효과적으로 완화하는 데 핵심적인 역할을 한다. 실리콘을 나노와이어(nanowire) 또는 나노입자 형태로 제작하면, 리튬 이온 삽입 및 탈리 과정에서 발생하는 부피 팽창을 흡수하며 전극의 물리적 안정성을 유지할 수 있다. 특히, 실리콘 입자의 크기가 150nm 이하일 경우, 부피 팽창으로 인해 발생하는 응력을 견딜 수 있는 능력이 크게 향상된다는 연구 결과가 보고되었다. 이러한 크기 의존적 특성은 나노미터 크기의 실리콘 입자가 큰 입자와 비교해 팽창 과정에서 균열 발생을 효과적으로 억제할 수 있음을 보여준다.

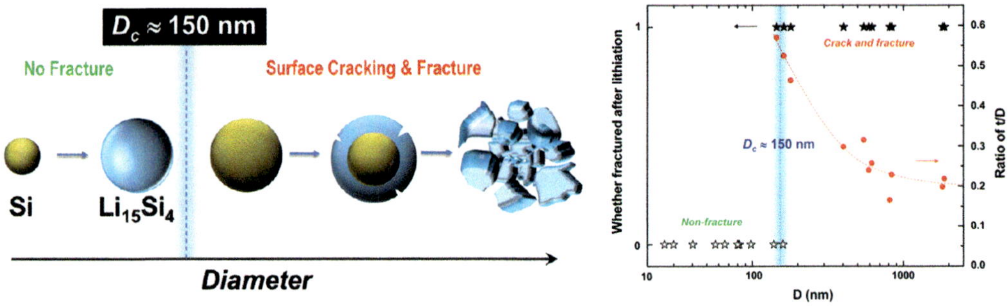

▲ 그림 입자의 크기에 따라 안정성이 변화하는 Si 음극 물질
(출처: https://doi.org/10.1021/nn204476h)

150nm를 기준으로 나노구조 실리콘의 안정성이 달라지는 이유는 기계적 응력 분산 메커니즘과 관련이 있다. 작은 입자는 리튬 이온이 삽입될 때 형성되는 응력이 입자 전체에 고르게 분포될 수 있어, 국소적인 응력 집중을 방지한다. 반면, 150nm 이상의 크기를 가진 입자는 응력이 국소적으로 축적되어 표면에서 균열이 발생할 가능성이 커진다. 이러한 균열은 반복적인 충·방전 과정에서 점차 확산되어 전극 물질의 분말화와 전극-집전체 간의 접촉 손실로 이어질 수 있다. 결과적으로, 전지의 내부 저항이 증가하고 충전 용량이 감소하며, 전지 수명이 단축된다.

나노와이어 형태의 실리콘 전극은 특히 이러한 문제를 해결하는 데 효과적일 수 있다. 나노와이어는 리튬 이온 삽입 및 탈리 과정에서 발생하는 부피 팽창을 길이 방향으로 유도함으로써 팽창으로 인한 응력을 분산시키고 구조적 손상을 완화한다. 이는 나노와이어의 축 방향으로 팽창이 이루어지며, 응력이 집중되지 않고 균일하게 분포되기 때문이다. 결과적으로, 나노와이어는 반복적인 충·방전 과정에서도 전극의 물리적 안정성을 유지할 수 있다.

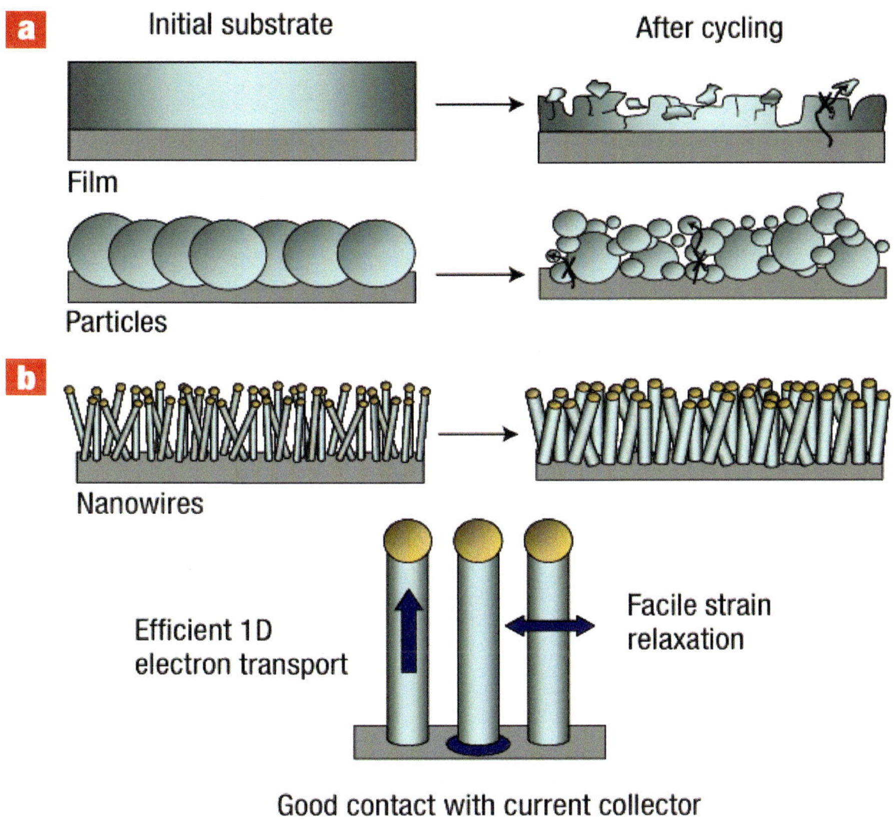

▲ 그림 음극 활물질로서 Si 나노와이어 물질이 갖는 형태학적인 특수성
(출처: https://doi.org/10.1038/nnano.2007.411)

또한, 나노와이어 구조는 리튬 이온이 전극 내에서 균일하게 분포하도록 돕는다. 리튬 이온 삽입이 고르게 이루어질 경우, 상변화가 균일하게 진행되어 국소적 응력이나 변형이 최소화된다. 이는 전극 내 균열 형성을 억제하고, 전압-용량 곡선에서 불규칙한 변동을 줄이는 데 기여한다. 특히, 나노와이어의 작은 직경은 리튬 이온의 확산 거리를 단축하여 충 · 방전 속도를 증가시키고, 전극의 내부 저항을 감소시키는 데 도움을 준다.

더불어, 나노와이어는 고출력 조건에서도 높은 안정성을 유지할 수 있다. 급속 충 · 방전 상황에서 리튬 이온이 빠르게 삽입되고 떨어져 나가더라도, 나노와이어는 팽창으로 인한 손상을 효과적으로 흡수하며 구조적 일관성을 유지한다. 이러한 특성은 리튬 플레이팅(Lithium Plating)과 같은 부작용을 방지하여 전지의 열적 안정성을 높이고, 장기적인 내구성을 확보하는 데 중요한 역할을 한다.

표면 코팅 기술은 실리콘 입자의 안정성을 높이는 데 중요한 역할을 한다. 실리콘 표면에 탄소, 세라믹, 또는 고분자 코팅을 적용하면, 리튬-실리콘 합금 형성 과정에서 발생하는 응력을 분산시키고, 전극-전해질 계면에서 발생할 수 있는 부반응을 억제할 수 있다. 탄소 코팅은 전기 전도성을 유지하면서도 실리콘 표면의 구조적 안정성을 강화하는 역할을 한다. 고분자 코팅은 SEI 층 형성을 최적화하여 전극의 화학적 안정성을 높인다. 예를 들어, 고분자 코팅은 SEI 층의 균일한 형성을 유도하며, 전극 표면에서의 부반응을 줄이고 충·방전 효율을 향상한다. 세라믹 코팅은 높은 기계적 강도와 화학적 안정성을 제공하며, 열적 안정성이 요구되는 고전압 조건에서도 전극의 물리적 손상을 완화할 수 있다.

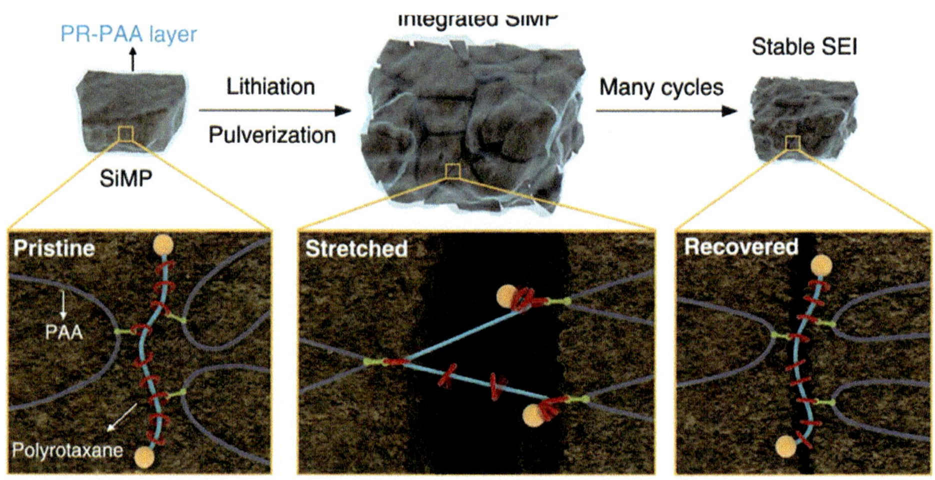

▲ 그림 PR-PAA 고분자 바인더가 도입되어 Si 음극재의 안정성이 향상된 연구 사례
(출처: https://www.science.org/doi/10.1126/science.aal4373)

복합 재료 설계와 전해질 조성 최적화는 실리콘 기반 음극의 상변화를 완화하는 데 핵심적인 접근법으로, 이는 흑연 음극에서 사용된 성능 향상 전략과 기본적으로 동일한 원리를 따른다. 흑연과 실리콘을 복합화하는 전략은 흑연이 제공하는 구조적 안정성과 실리콘의 높은 용량 특성을 결합하여 상호 보완적인 효과를 발휘한다. 흑연은 실리콘의 부피 팽창을 물리적으로 제한하며, 리튬 이온 삽입 및 탈리 과정에서 발생하는 국소적 응력을 분산시켜 전극의 장기적인 안정성을 확보한다. 이러한 접근은 흑연 음극에서 실리콘을 도입할 때 용량 향상을 유지하면서도 안정성을 강화하는 중요한 방법이다.

그래핀과 같은 고전도성, 고강도 물질과 실리콘을 혼합하는 방식은 흑연 음극에서 사용된 전도성 네트워크 설계와 비슷한 맥락에서 실리콘 음극의 전기화학적 성능을 크게 높이는 대안이 될 수 있다. 그래핀은 높은 전기전도성과 강도를 제공하며, 실리콘과 복합화하면 리튬 이온의 이동 경로를 최적화하고, 상변화로 인한 구조적 손상을 효과적으로 완화한다. 그래핀-실리콘 복합 재료는 고출력과 고에너지 밀도 요구 조건을 충족시키면서도 안정성을 유지하는 데 기여한다.

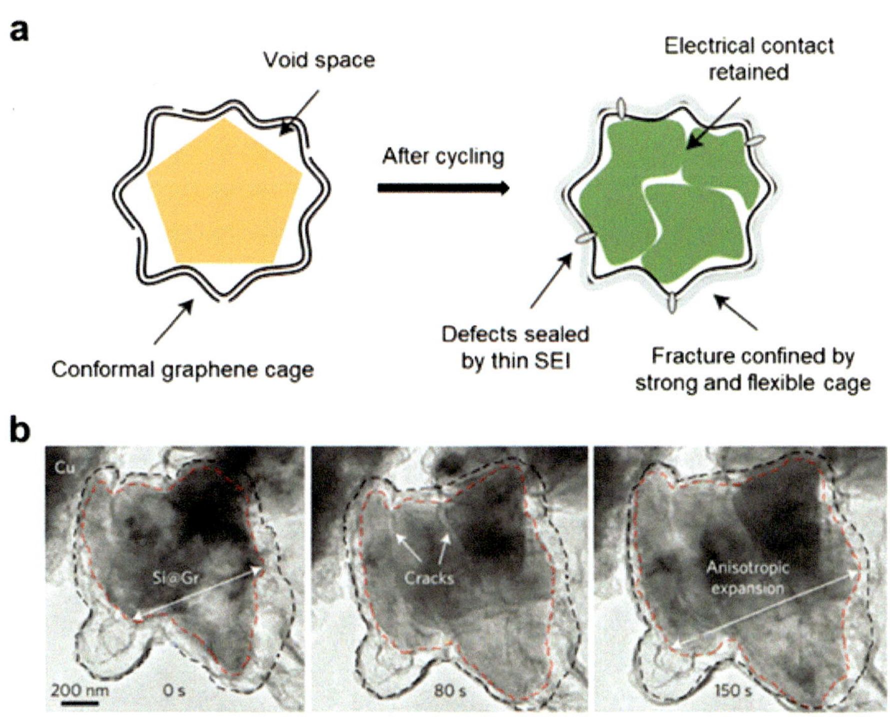

▲ 그림 graphene cage로 둘러싸여 Si 음극재의 안정성이 향상된 연구 사례
(출처: https://doi.org/10.1038/nenergy.2015.29)

전해질 조성 최적화 역시 흑연 음극에서 활용된 SEI 층 안정화 전략과 유사하게 실리콘 기반 음극에서도 중요한 역할을 한다. FEC(Fluoroethylene Carbonate)와 같은 첨가제는 SEI 층의 형성을 촉진하고, 그 기계적 강도를 높여 실리콘의 부피 팽창으로 인한 응력을 완화한다. 특히, SEI 층 내에 포함된 LiF는 전극-전해질 계면에서의 화학 반응을 억제하며, 높은 기계적 강도를 제공하여 전극의 열적 안정성을 강화한다. 이와 같은 전해질 첨가제 기반의 접근은 흑연 음극에서와 마찬가지로 실리콘 음극에서도 상변화를 제어하고 전지 성능을 개선하는 데

핵심적인 역할을 한다.

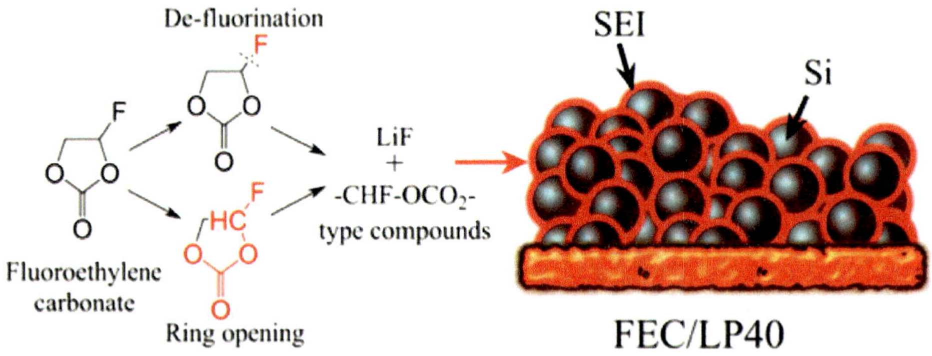

[그림] FEC를 첨가제가 Si 물질에 미치는 영향성에 관한 연구 사례
(출처: https://doi.org/10.1021/acs.chemmater.5b00339)

(3) 전해질의 상변화

리튬 이차전지에서 전해질은 리튬 이온의 이동 통로를 제공하는 핵심적인 구실을 하며, 전지의 성능과 안정성을 결정하는 중요한 요소이다. 전해질은 고체, 액체, 또는 고체-액체 복합 형태로 존재할 수 있으며, 리튬 이온의 이동, 계면 반응, 전기화학적 특성 등과 밀접하게 연관된 상변화를 겪을 수 있다. 이러한 전해질의 상변화는 온도, 전압, 전지의 충·방전 속도, 그리고 사용 환경에 따라 크게 달라지며, 전지의 열적 안정성과 수명을 좌우하는 중요한 요인으로 작용한다.

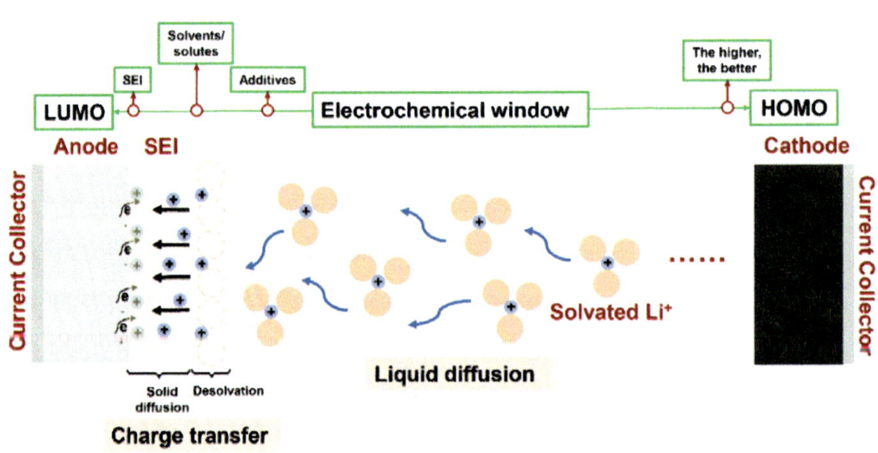

▲ 그림 전해질의 열역학과 동역학
(출처: https://doi.org/10.1016/j.ensm.2020.04.010)

❶ 액체 전해질의 상변화

액체 전해질은 리튬 이차전지에서 리튬 이온의 이동을 지원하는 중요한 매개체로, 주로 용매, 리튬염, 첨가제로 구성된다. 이러한 조합은 전지의 전기화학적 특성과 안정성을 결정짓는 주요 요소로, 각 구성 성분의 특성과 조합 방식은 특정 조건에서 상변화를 유발할 수 있다. 이러한 상변화는 전지의 효율과 수명에 큰 영향을 미치기 때문에, 이를 이해하고 제어하는 것은 리튬 이차전지 성능을 극대화하는 데 핵심적인 과제이다.

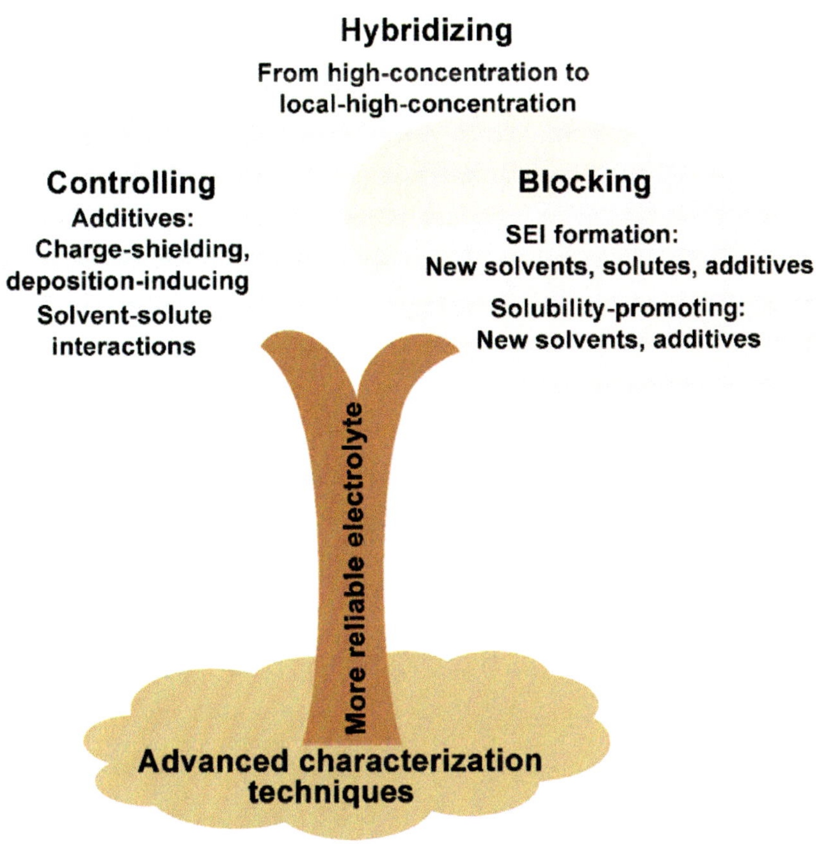

▲ 그림 액체 전해질 개발 방향의 가이드라인
(출처: https://doi.org/10.1016/j.ensm.2020.04.010)

용매는 리튬 이온의 이동성을 보장하는 핵심 성분으로, 리튬 이차전지 전해질의 성능을 결정짓는 데 중요한 역할을 한다. 일반적으로 에틸렌 카보네이트(EC), 디메틸 카보네이트(DMC), 디에틸 카보네이트(DEC)와 같은 유기 용매가 널리 사용된다. 이들 용매는 높은 유전율과 낮은 점도를 가져 리튬 이온의 용해 및 이동을 촉진하며, 전해질의 전기화학적 안정성을 지원한다. 특히 EC는 뛰어난 유전율 덕분에 리튬염의 용해도를 높이고, 전극 표면에서 SEI 층 형성을 효과적으로 지원하는 역할을 한다. SEI 층은 전극과 전해질 사이에서 부반응을 억제하고, 리튬 이온의 삽입 및 탈리 과정을 안정화시켜 전지의 장기적인 성능에 기여한다.

그러나 EC는 특정 조건, 특히 고전압 및 고온 환경에서 화학적 안정성이 저하되는 한계를 가진다. 이러한 조건에서 EC는 전극 표면에서 분해 반응을 겪으며, 이 과정에서 가연성 가스(예: CO_2, C_2H_4)를 생성한다. 이 가스들은 전지 내부의 압력을 증가시키며, 심각한 경우 열폭주(Thermal Runaway)를 유발할 수 있다. 열폭주는 단순한 온도 상승에 그치지 않고, 연쇄적으로 진행되는 반응을 통해 전지 성능과 안전성을 급격히 떨어뜨린다.

열폭주는 SEI 층의 붕괴로 시작될 수 있다. SEI 층이 손상되면 전극 표면에서의 부반응이 활성화되고, 이는 전해질의 추가 분해를 초래한다. 이러한 연쇄적인 분해 반응은 더 많은 열을 발생시키며, 전지 내부의 온도를 더욱 상승시킨다. 또한, 분해 과정에서 생성된 가스는 전지 내부의 압력을 급격히 증가시키며, 안전 밸브 작동이나 심각한 경우 폭발로 이어질 위험을 높인다. 고온 조건에서 EC 분해는 가스 생성뿐만 아니라 전해질의 전기화학적 특성을 저하해, 전지의 수명과 성능을 크게 감소시킨다.

EC의 이러한 안정성 문제를 완화하기 위해, DMC와 DEC와 같은 용매를 혼합 사용하는 전략이 일반적이다. DMC와 DEC는 낮은 점도를 가지고 있어, EC와 조합하여 전해질의 점도를 조절하고, 리튬 이온의 이동성을 향상하는 데 기여한다. 더불어, FEC와 같은 첨가제를 추가로 사용하면, EC의 분해를 억제하고 SEI 층의 안정성을 강화하여 이러한 문제를 완화할 수 있다. 결과적으로, 용매 조성과 첨가제의 최적화를 통해 EC 기반 전해질의 안정성과 성능을 동시에 향상하는 연구가 지속해서 진행되고 있다.

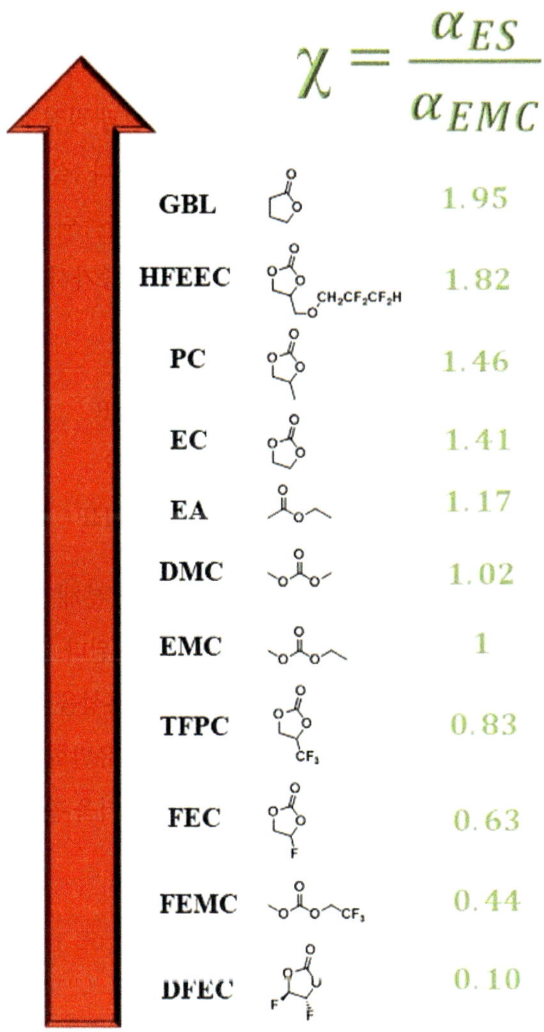

▲ 그림 액체 전해질을 구성하는 다양한 용매와 각각의 리튬 이온 용해 능력
(출처: https://doi.org/10.1039/C9EE00141G)

리튬염은 전해질 내에서 리튬 이온을 제공하는 핵심 성분으로, 리튬 이온의 이동성을 결정짓는 데 중요한 역할을 한다. 가장 널리 사용되는 리튬염은 리튬 육불화인산염($LiPF_6$)으로, 이 리튬염은 높은 이온 전도도와 우수한 전기화학적 안정성을 제공하여 리튬 이차전지의 성능에 크게 기여한다. $LiPF_6$는 유기 용매와 높은 상호작용성을 보여 전해질의 균일한 구성과 리튬 이온의 원활한 이동을 지원한다. 그러나 이와 같은 장점에도 불구하고, $LiPF_6$는 특정 조건에서 몇 가지 주요 문제를 드러낸다.

$LiPF_6$는 특히 습기와 반응성이 높아, 미량의 수분과 접촉하면 부식성 물질인 불화수소(HF)를 생성한다. HF는 전극과 전해질 계면에서 다양한 부반응을 촉진하며, 이는 SEI 층의 안정성을 저하한다. SEI 층이 손상되면 전극 표면이 외부 전해질과 직접 접촉하게 되어, 추가적인 부반응이 활성화되고 전극의 화학적 안정성이 더욱 약화한다. 결과적으로, 리튬 이온 삽입 및 탈리 과정에서 전지의 효율성이 감소하고, 전지 수명이 단축되는 문제가 발생한다. HF는 또한 전극 표면의 금속 물질을 침식하여 전지 내부 저항을 증가시키며, 성능 저하를 가속한다.

$$LiPF_6 + H_2O \rightarrow LiF + POF_3 + 2HF$$

$$POF_3 + H_2O \rightarrow POF_2(OH) + HF$$

$$POF_2(OH) + H_2O \rightarrow POF(OH)_2 + HF$$

또한, 고온 조건에서는 $LiPF_6$의 열적 안정성이 감소하며, 열 분해 반응이 발생한다. $LiPF_6$는 약 60℃ 이상에서 불안정해지기 시작하며, PF_5와 HF로 분해된다. PF_5는 강력한 루이스 산으로, 용매와 반응하여 부반응을 촉진하고 전해질의 화학적 특성을 변화시킬 수 있다. 이러한 열 분해 반응은 전지 내부에서 열폭주(Thermal Runaway)를 유발할 가능성을 높이며, 전해질의 상변화를 가속한다. 열 분해로 인한 HF 생성은 고온에서 더욱 활발해지며, 이는 전지의 전기화학적 안정성과 물리적 안전성을 심각하게 저해한다.

$$LiPF_6 \rightarrow LiF + PF_5$$

$$PF_5 + H_2O \rightarrow POF_3 + 2HF$$

$LiPF_6$의 이러한 문제를 해결하기 위해 다양한 연구가 진행되고 있다. 예를 들어, 습기를 효과적으로 제거하는 건조 기술과 더불어, HF 생성을 억제할 수 있는 첨가제를 전해질에 도입하는 방법이 있다. 또한, $LiPF_6$ 대신 열적 안정성이 더 높은 리튬염(예: LiTFSI, 리튬 비스(트리플루오로메탄설포닐)이미드)을 사용하는 방안도 검토되고 있다. 이러한 대체 리튬염은 HF 생성이 없거나 극히 미미하여, 고온 조건에서도 안정성을 유지할 수 있는 잠재력을 가지고 있다. $LiPF_6$의 단점을 보완하는 이와 같은 기술적 접근은 리튬 이차전지의 성능과 안정성을 동시에 개선하는 데 중요한 역할을 한다.

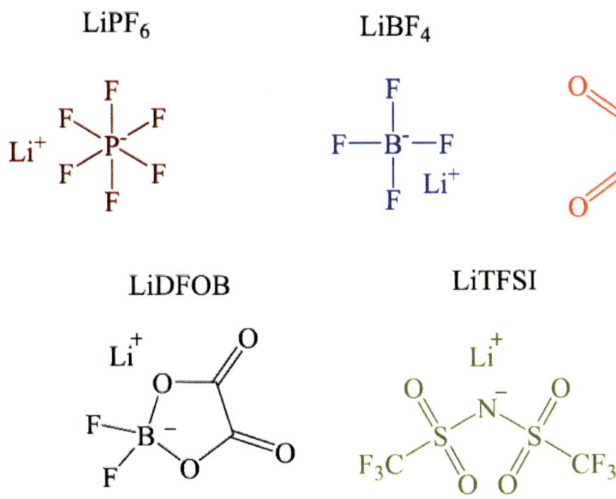

▲ 그림 다양한 리튬염의 구조
(출처: https://iopscience.iop.org/article/10.1149/2.0901802jes/meta)

첨가제는 전해질의 성능을 향상하고, 전지의 안정성을 높이는 데 핵심적인 역할을 수행한다. 첨가제는 SEI 층의 형성을 촉진하고, 리튬 이온 삽입 및 탈리 과정에서 발생하는 부반응을 억제하며, 전극-전해질 계면의 화학적 안정성을 보장한다. 특히, FEC는 가장 널리 연구된 첨가제 중 하나로, SEI 층 형성 과정에서 중요한 작용을 한다. FEC는 리튬 이온 배터리의 고전압 및 고온 조건에서도 안정적으로 작동하며, 전지의 성능과 내구성을 개선하는 데 크게 도움을 준다.

FEC는 전해질 내에서 분해되면서 SEI 층 내에 LiF(Lithium Fluoride)를 생성한다. LiF는 높은 기계적 강도를 제공하여 SEI 층이 전극 표면에서 안정적으로 유지되도록 돕는다. 또한, LiF는 낮은 전기 전도성을 가지며, 이를 통해 전극 표면에서 전해질과의 부반응을 억제하고, 계면 안정성을 크게 높인다. 결과적으로, FEC는 전극의 구조적 손상을 방지하고, 반복적인 충·방전 과정에서도 전지의 장기적인 안정성을 유지할 수 있도록 한다. 특히, SEI 층 내에 LiF가 균일하게 분포하면, 전극 표면에서의 전기화학적 부반응이 더욱 효과적으로 억제되어, 고온 조건에서도 전지의 열적 안정성을 강화할 수 있다.

그러나 첨가제가 과도하게 사용되거나 적절히 설계되지 않을 경우, SEI 층의 성능이 저하되거나 전해질의 상변화를 악화시키는 부작용이 발생할 수 있다. FEC가 과다하게 첨가되면, 과도한 SEI 층 형성으로 인해 전극의 표면 저항이 증가하고, 리튬 이온의 확산 속도가 저하될 가능성이 있다. 또한, 과도한 첨가제는 전해질의 물리적·화학적 특성을 변화시켜, 전지 내부의 이온 전도도와 열적 안정성을 감소시킬 수 있다.

FEC 외에도 전해질의 성능을 최적화하기 위해 다양한 첨가제가 연구되고 있으며, 이러한 첨가제들은 각각의 고유한 특성을 통해 전지 성능을 개선하고 안정성을 강화한다.

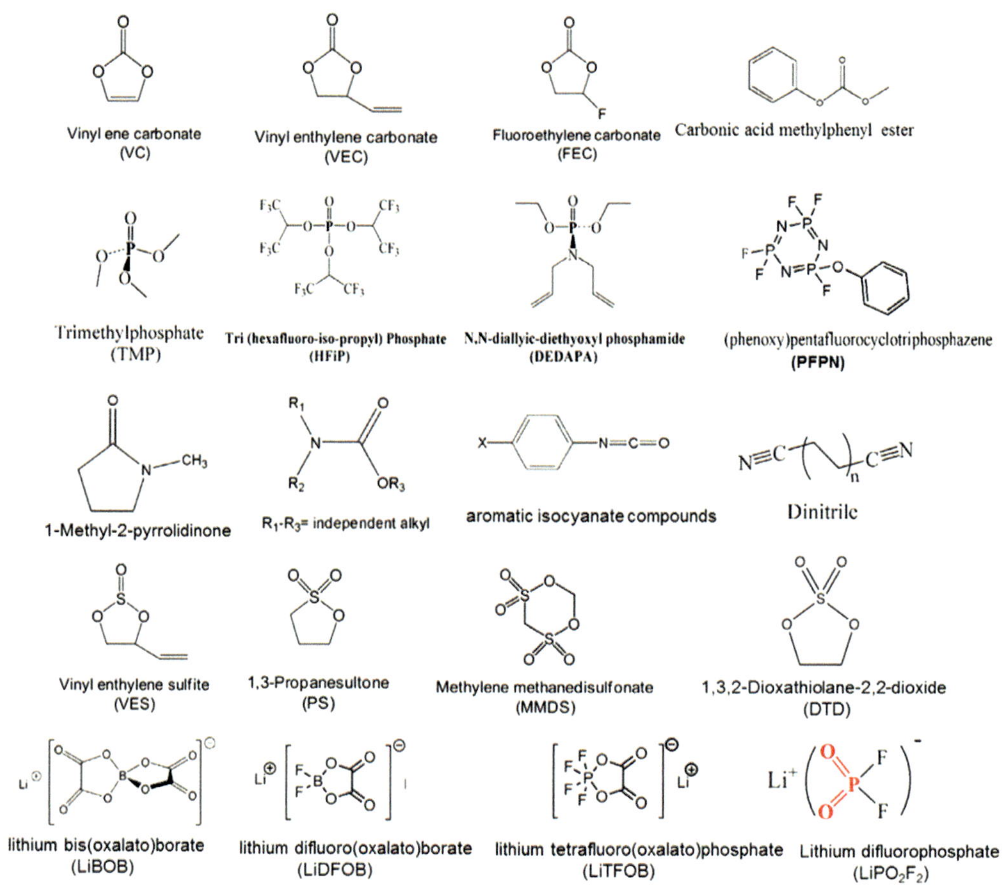

▲ 그림 다양한 첨가제의 구조
(출처: https://doi.org/10.1016/j.coelec.2017.10.012)

특히, Vinylene Carbonate(VC)는 대표적인 추가 첨가제로, FEC와 함께 사용될 때 뛰어난 상호 보완 효과를 발휘한다. VC는 전해질 내에서 분해되며, SEI 층의 형성에 관여하여 SEI 층의 화학적 조성을 강화하고, 그 기계적 강도를 높이는 데 중요한 역할을 한다. VC가 포함된 시스템에서는 SEI 층 내에 더 균일한 구조와 강도가 높은 보호막이 형성되며, 이는 리튬 이온의 삽입 및 탈리 과정에서 전극 표면의 안정성을 유지하는 데 크게 돕는다.

VC는 SEI 층 형성 과정에서 FEC가 생성하는 LiF와 조화를 이루어, SEI 층의 물리적 안정성과 화학적 내구성을 동시에 강화한다. VC의 주요 기능 중 하나는 SEI 층의 구성 성분 간의 균형을 최적화하는 것이다. FEC 단독 사용 시 SEI 층 내 LiF 농도가 지나치게 높아질 경우, 층이 과도하게 단단해져 리튬 이온의 확산이 제한될 수 있다. 그러나 VC가 함께 사용되면, SEI 층 내에 유연성과 안정성을 겸비한 복합 구조가 형성되어, 리튬 이온의 원활한 이동이 가능해진다. 이로 인해 충·방전 효율이 개선되고, 전지 성능이 장기적으로 유지될 수 있다.

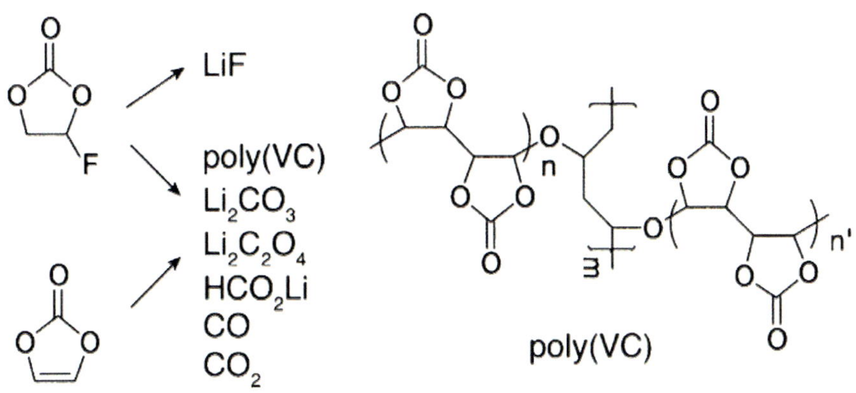

▲ 그림 FEC와 VC의 복합체
(출처: https://doi.org/10.1021/acs.chemmater.6b02282)

또한, VC는 전극 표면에서 발생할 수 있는 부반응을 억제하는 데 효과적이다. VC가 분해될 때 생성되는 중간체는 전극 표면에서 전해질의 산화 및 분해를 억제하며, 이를 통해 계면 안정성을 강화한다. 특히, VC는 고온 및 고전압 조건에서도 안정적으로 작동하며, 전지 내부에서 발생할 수 있는 열폭주를 예방하는 데 유리하다. 이러한 특성 덕분에 VC는 전해질의 상변화를 제어하고, 고에너지 밀도 전지에서도 안전성을 확보하는 데 필수적인 요소로 평가받고 있다.

Additives	SEI formation mechanism
FEC	LiF-rich SEI by self-decomposition
$LiNO_3$	Li_3N and Li_xNO_y-rich SEI by self-decomposition
VC	Poly alkyl Li-carbonate species by self-decomposition
Succinic anhydride	Lithium carboxylate species by self-decomposition
KNO_3	Li_3N/Li_xNO_y-rich SEI by NO_3^- decomposition
$AlCl_3$	Al_2O_3-rich SEI by $AlCl_3$ reacting with trace water
LiBOB	$Li_2C_2O_4$-rich SEI by self-decomposition
LiTFA	LiF and Li_2O-rich SEI by self-decomposition
LiODFB	LiF-rich SEI by self-decomposition
H_2O	LiF/LiOH-rich SEI by H_2O reacting with $LiPF_6$/Li metal

▲ 표 첨가제의 종류별 SEI 형성 메커니즘
(출처: https://doi.org/10.1016/j.ensm.2020.04.010)

다중 첨가제 시스템은 FEC와 VC 외에도 다양한 첨가제를 조합하여 전해질의 성능을 최적화하는 전략이다. 예를 들어, Ethylene Sulfate(ES)나 Sulfite 계열의 첨가제는 전극 표면에서의 부반응 억제 효과를 추가로 제공하며, SEI 층의 열적 안정성을 높인다. 이러한 복합 시스템은 전해질의 분해를 억제하고, 전지의 수명과 안정성을 크게 향상할 수 있다. 특히, 다중 첨가제는 서로의 장점을 보완하며, 단일 첨가제 사용보다 더 균형 잡힌 전기화학적 특성을 제공한다.

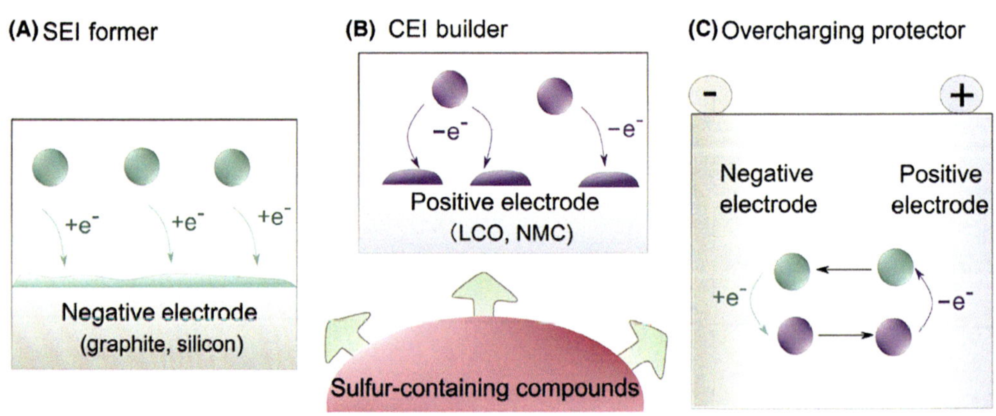

▲ 그림 황을 함유한 첨가제의 효과
(출처: https://doi.org/10.1002/inf2.12235)

액체 전해질의 상변화는 주로 작동 온도, 전압, 충·방전 속도와 같은 작동 조건에 따라 달라진다. 고온 조건에서는 용매와 리튬염의 분해가 가속화되어, 전극 표면에서 가스 생성 및 SEI 층의 붕괴를 유발한다. 이러한 열적 상변화는 전지 내부의 압력을 증가시키고, 계면 안정성을 저하해 전지의 신뢰성을 떨어뜨릴 수 있다. 고전압 조건에서는 용매와 첨가제가 전극 표면에서 전기화학적으로 분해되며, 새로운 상이 형성되거나 기존 상이 변형되는 과정이 발생한다. 이 과정은 초기에는 전극 표면을 보호하는 긍정적인 역할을 할 수 있지만, 과도한 분해는 전지의 출력 특성과 수명을 저하한다.

충 · 방전 속도는 액체 전해질의 상변화에 중요한 영향을 미친다. 느린 충 · 방전 속도에서는 리튬 이온이 전극 표면에 고르게 분포하며, 상변화가 점진적으로 일어난다. 이러한 점진적인 상변화는 전극 내부에서의 응력 분포를 균일하게 유지하며, 전지의 구조적 안정성과 화학적 내구성을 강화하는 데 유리하다. 특히 느린 속도에서는 SEI 층이 안정적으로 유지되어, 반복적인 충·방전 과정에서도 전극 물질의 성능 저하가 최소화된다. 이는 부피 팽창이 완만하게 진행되면서 SEI 층의 손상이 줄어드는 결과를 가져오며, 전지의 장기적인 안정성을 보장한다.

반면, 고속 충·방전 속도에서는 리튬 이온의 이동 속도가 전극 내부 확산 속도를 초과하게 되며, 전극 표면에 국소적으로 축적되기 쉽다. 이로 인해 상변화가 불균일하게 진행되고 국소적 응력이 크게 증가한다. 이러한 응력은 SEI 층의 균열 및 파괴를 유발하며, 전극 표면에서 추가적인 부반응을 활성화한다. 결과적으로 전극의 내부 저항이 증가하고, 전지 성능이 저하될 위험이 커진다.

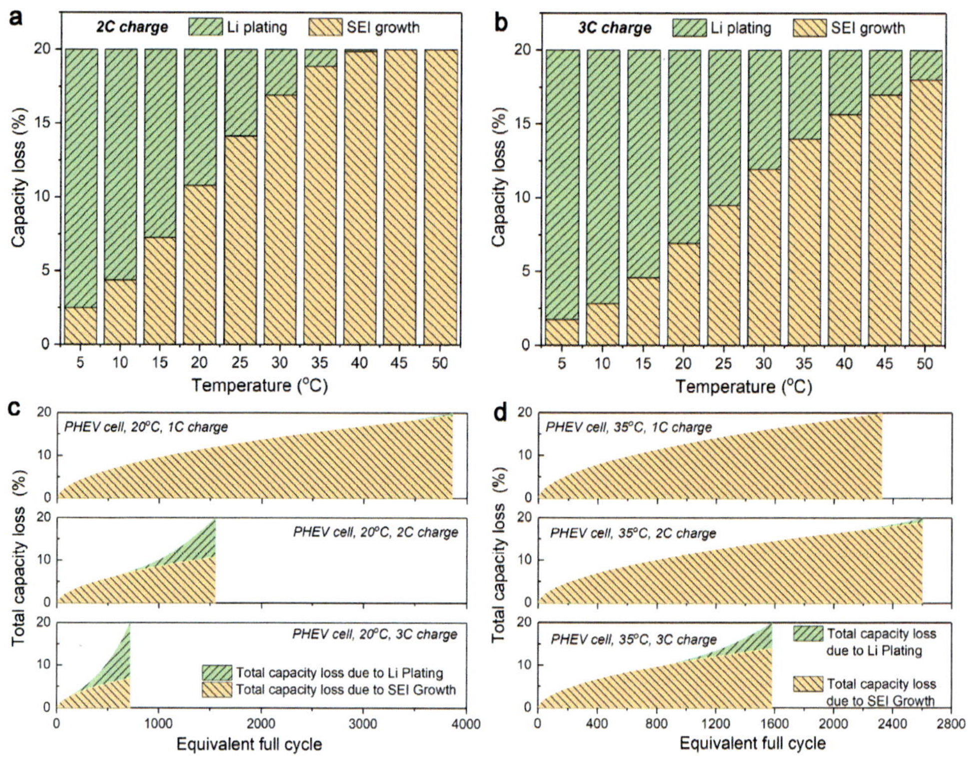

▲ 그림 고속 충전으로 인한 전극 표면의 부반응 촉진

(출처: https://doi.org/10.1016/j.jpowsour.2018.09.069)

특히 고속 조건에서는 SEI 층의 반복적인 형성과 붕괴가 촉진되며, 전해질 분해 반응이 가속화된다. 이러한 과정은 전지 내부의 화학적 불균형을 초래하며, 열적 안정성을 저하할 수 있다. 따라서 고속 충·방전은 전지 성능과 안정성에 부정적인 영향을 미치며, 이를 개선하기 위해 전극 설계와 전해질 최적화가 요구된다.

❷ 고체 전해질의 상변화

고체 전해질은 액체 전해질의 한계를 극복하고자 개발된 대안으로, 전지의 안정성과 에너지 밀도를 크게 향상할 잠재력을 가지고 있다. 고체 전해질은 열적 안정성이 뛰어나고, 리튬 금속 음극과 호환성이 우수하며, 액체 전해질에서 발생하는 가연성 문제를 해결할 수 있는 장점이 있다. 그러나 고체 전해질 역시 충·방전 과정에서 상변화를 동반하며, 이는 전지 성능과 수명을 제한하는 주요 요인 중 하나로 작용한다.

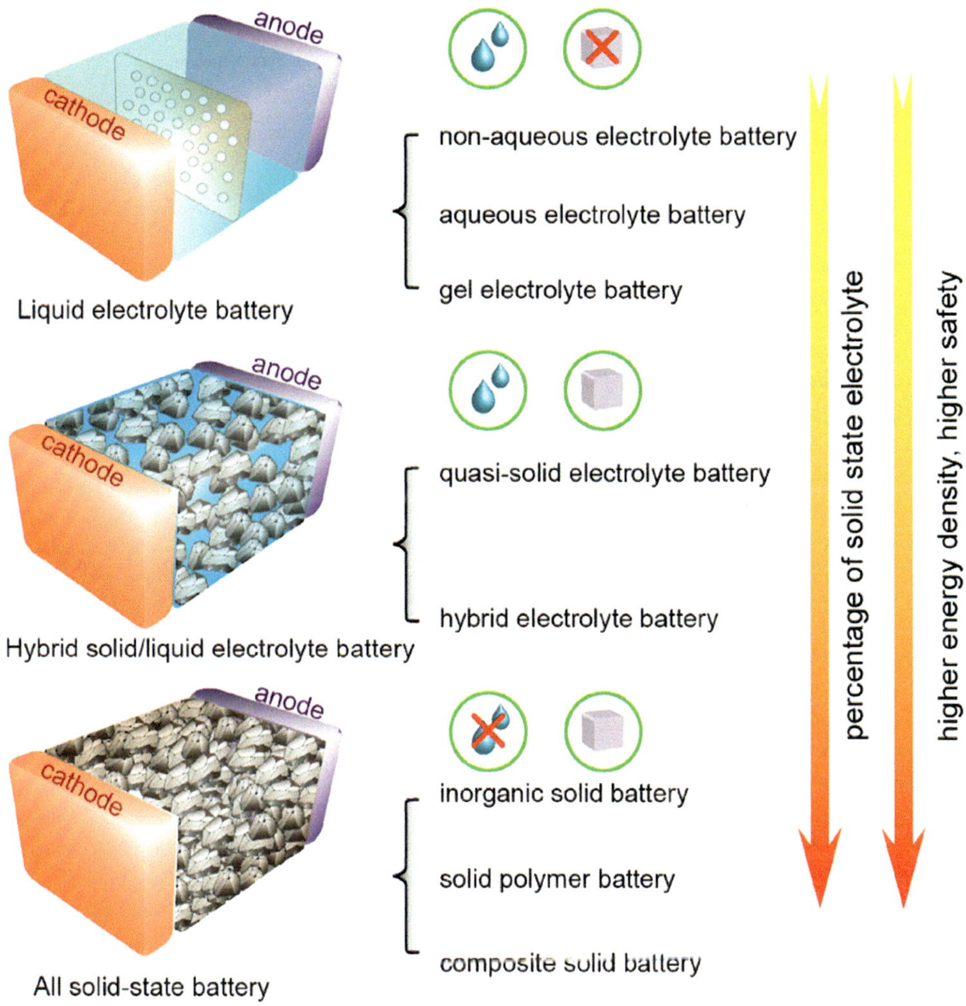

▲ 그림 고체 전해질 개발의 필요성
(출처: https://doi.org/10.1021/acs.chemrev.9b00268)

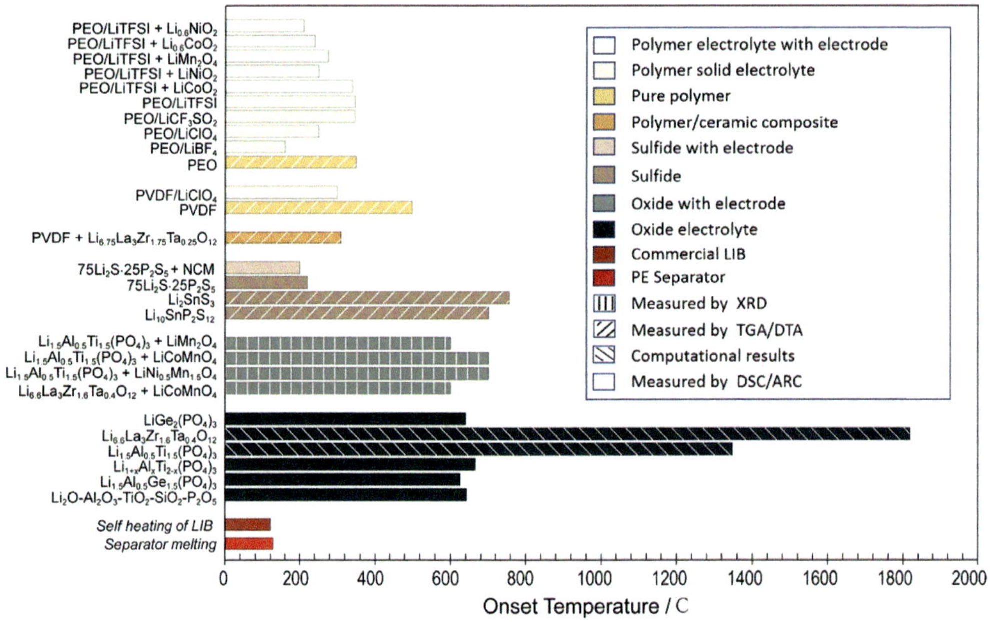

▲ 그림 고체 전해질별 고온 안정성
(출처: https://doi.org/10.1021/acs.chemrev.9b00268)

황화물 기반 전해질은 고체 전해질 중에서도 가장 높은 이온 전도도를 제공하며, 전고체 전지의 핵심 소재로 주목받고 있다. 특히, $Li_{10}GeP_2S_{12}$(LGPS)와 같은 황화물 전해질은 이온 전도도가 10^{-3} S/cm 이상으로, 액체 전해질과 유사한 수준의 리튬 이온 이동성을 보여준다. 이러한 높은 전도성은 황화물 전해질의 결정 구조가 리튬 이온 이동에 유리한 통로를 형성하기 때문에 가능하다. 그러나 충·방전 과정에서 황화물 전해질은 다양한 상변화를 겪으며, 이는 전지 성능과 안정성에 큰 영향을 미친다.

Material	σ_{RT} [S cm^{-1}]
$60Li_2S{\cdot}40P_2S_5$ glass	3.2×10^{-6}
$67Li_2S{\cdot}33P_2S_5$ glass	3.8×10^{-5}
$70Li_2S{\cdot}30P_2S_5$ glass	3.7×10^{-5}
$75Li_2S{\cdot}25P_2S_5$ glass	2.8×10^{-4}
$80Li_2S{\cdot}20P_2S_5$ glass	1.3×10^{-4}
$55(66Li_2S{\cdot}33P_2S_5){\cdot}45LiI$ glass	10^{-3}
$95(60Li_2S{\cdot}40SiS_2){\cdot}5Li_3BO_3(Li_3AlO_3)$ glass	10^{-3}
$77(75Li_2S{\cdot}25P_2S_5){\cdot}33LiBH_4$ glass	1.6×10^{-3}
$40Li_2S{\cdot}28SiS_2{\cdot}30LiI$ glass	1.8×10^{-3}
$30Li_2S{\cdot}26B_2S_3{\cdot}33LiI$ glass	1.7×10^{-3}
$Li_7P_3S_{11}$	3.2×10^{-3}
$Li_7P_3S_{11}$ analogue $Li_7P_{2.9}S_{10.85}Mo_{0.01}$	4.8×10^{-3}
$Li_7P_3S_{11}$ analogue $Li_7P_{2.9}Mn_{0.1}S_{10.7}I_{0.3}$	5.6×10^{-3}
Argyrodite Li_6PS_5Cl (cal.)	1.9×10^{-3}
Argyrodite Li_6PS_5Br (cal.)	6.8×10^{-3}
Argyrodite Li_6PS_5I (cal.)	4.6×10^{-7}
Argyrodite Li_7PS_6	1.6×10^{-6}
Argyrodite $Li_7Ge_3PS_{12}$	1.1×10^{-4}
Argyrodite $Li_{6.35}P_{0.65}Si_{0.35}S_5Br$	2.4×10^{-3}
Argyrodite $Li_{6.6}P_{0.4}Ge_{0.6}S_5I$	5.4×10^{-3}
Thio-LiSICON $Li_{3.25}Ge_{0.25}P_{0.75}S_4$	2.2×10^{-3}
Thio-LiSICON analogue Li_4SnS_4	7.0×10^{-5}
Thio LiSICON analogue $Li_{11}AlP_2S_{12}$	8.0×10^{-4}
Thio-LiSICON analogue $Li_{3.833}Sn_{0.833}As_{0.166}S_4$	1.4×10^{-3}
$Li_{10}GeP_2S_{12}$	1.2×10^{-2}
LGPS analogue $Li_{10}SnP_2S_{12}$	4×10^{-3}
LGPS analogue $Li_{10}SiP_2S_{12}$	2.3×10^{-3}
LGPS analogue $Li_{9.54}Si_{1.74}P_{1.44}S_{11.7}Cl_{0.3}$	2.5×10^{-2}
$70Li_2S{\cdot}30P_2S_5$-1,4-butanediol	9.7×10^{-5}
$75Li_2S{\cdot}25P_2S_5$-PFPE	10^{-4}
$77.5Li_2S{\cdot}22.5P_2S_5$-methly-imine	9.2×10^{-5}
$(PEO_{18}$-LiTFSI)–LGPS (LGPS 1 wt%)	1.2×10^{-5}
$(PEO_{18}$-LiTFSI)–LGPS (LGPS 1 wt%)–SN (SN 10 wt %)	9.1×10^{-5}
β-Li_3PS_4 –LZNO (2 wt%)	2.4×10^{-4}
β-Li_3PS_4–Al_2O_3 (2 wt%)	2.3×10^{-4}
β-Li_3PS_4–SiO_2 (2 wt%)	1.8×10^{-4}
β-Li_3PS_4–LLZO (30 wt%)	1.8×10^{-4}

▲ 표 황화물 기반 고체 전해질의 이온 전도도

(출처: https://doi.org/10.1002/adma.201901131)

황화물 전해질의 상변화는 주로 리튬 이온 농도의 변화, 전극과의 계면 반응, 그리고 환경 조건(예: 습기와의 접촉)에 의해 발생한다. 예를 들어, LGPS는 높은 이온 전도도를 제공하며, 리튬 이온 이동 경로가 잘 형성된 결정 구조를 가진다. 그러나 충전 과정에서 리튬 농도가 증가하면 구조 내 국소적인 응력과 결함이 발생할 수 있으며, 이로 인해 비활성 상(예: Li_2S)이 형성될 가능성이 있다. 이러한 비활성 상은 이온 전도도를 약화할 뿐 아니라, 전해질 구조 내에서 리튬 이온 통로를 차단하여 전지 성능 열화를 유발한다. 방전 과정에서도 유사한 방식으로 상변화가 역순으로 진행되며, 이 과정에서 반복적인 구조적 재배열이 전해질의 기계적 안정성을 떨어뜨릴 수 있다.

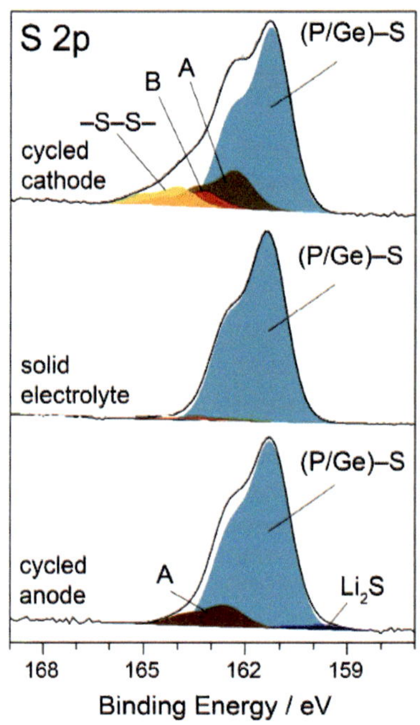

▲ 그림 충 · 방전 과정을 거치는 동안 LGPS의 분해를 통해 생성된 비활성 상(Li2S)
(출처: https://doi.org/10.1021/acsami.8b05132)

황화물 전해질은 습기와의 반응에 특히 민감하다. 공기 중의 수분과 접촉하면, 황화물 전해질은 유독 가스인 H_2S를 방출하며, 표면에서 화학적 상변화를 일으킨다. 이 과정에서 Li_3PS_4, Li_2S와 같은 비활성 상이 형성되어 전도성을 더욱 약화시킨다. 이러한 반응은 전지 제조 공정에서 공기 노출을 최소화해야 하는 부담을 초래하며, 제조 비용 증가의 주요 원인 중 하나로 작용한다.

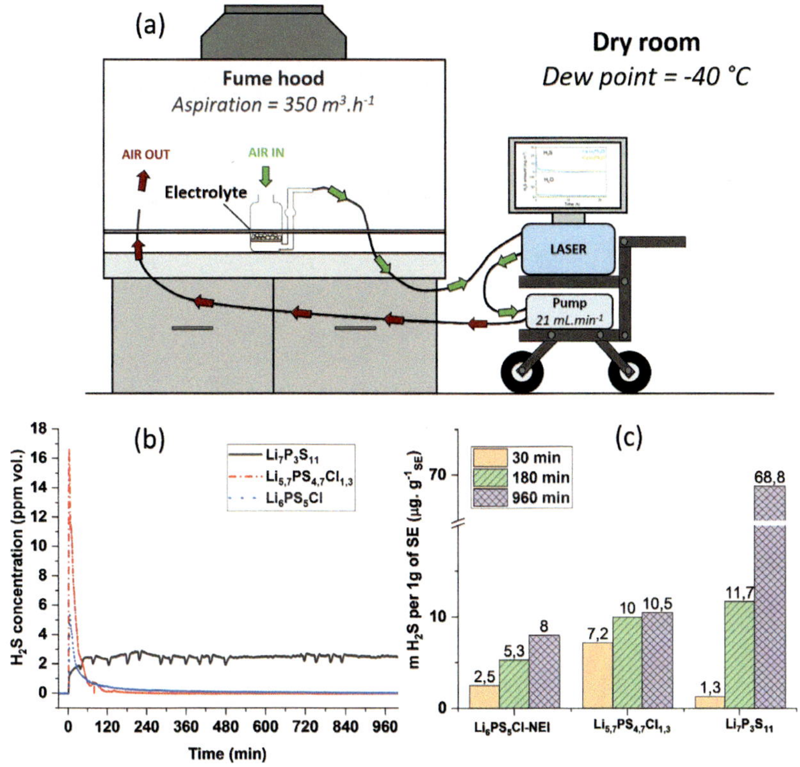

▲ 그림 황화물 전해질의 H_2S 방출 실험 결과
(출처: https://doi.org/10.1002/batt.202300380)

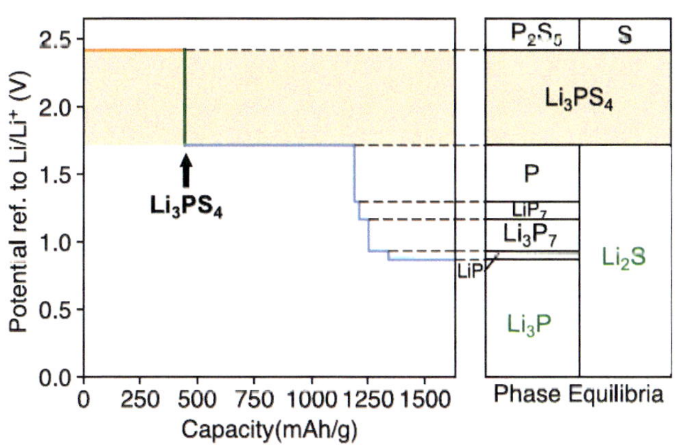

▲ 그림 Li_3PS_4의 voltage profile
(출처: https://doi.org/10.1002/aenm.201800035)

또한, 전극과의 계면에서도 복잡한 상변화가 발생한다. 리튬 금속 음극과 접촉할 경우, 계면 반응을 통해 Li_2S와 같은 비활성 생성물이 형성되며, 이는 계면 저항을 증가시키고 전지 출력 특성을 제한한다. 양극 계면에서도 고전압 조건에서 산화환원 반응이 촉진되며, Li_2SO_4 또는 Li_2S와 같은 부산물이 생성되어 계면 안정성을 방해한다.

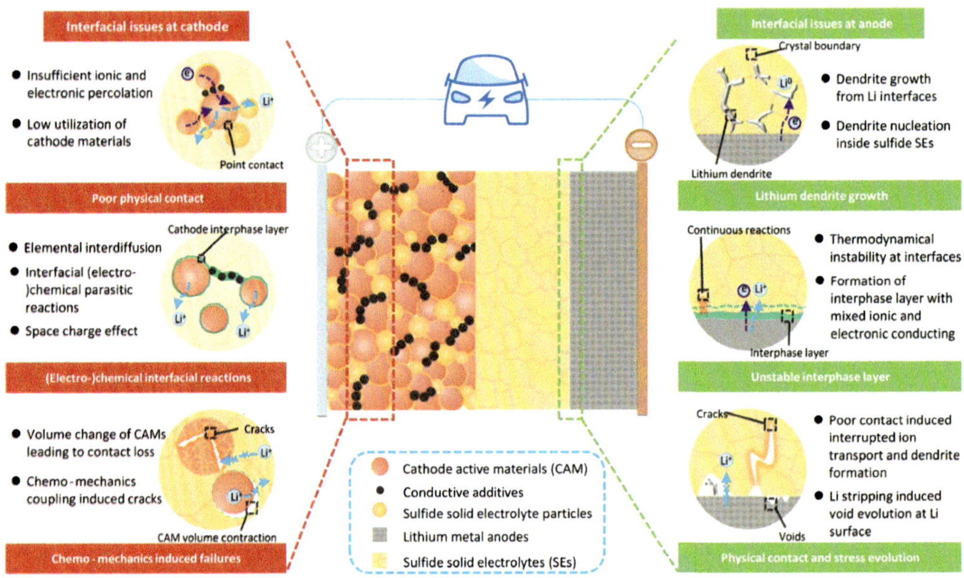

▲ 그림 황화물 전해질 / 전극 간 계면에서 발생 가능한 다양한 문제점
(출처: https://doi.org/10.1002/inf2.12292)

대표적으로 리튬 금속 음극과 황화물 전해질 계면에 세라믹 코팅 또는 고분자 중간층을 도입하는 방식이 있다. 이러한 중간층은 전극-전해질 계면에서 발생할 수 있는 부반응을 줄이고, 비활성 상의 형성을 억제하는 역할을 한다. 예를 들어, Li_3PS_4 또는 Al_2O_3와 같은 세라믹 코팅은 계면에서 화학적 분해를 억제하며, 이로 인해 계면 저항을 감소시키고 전지 성능을 향상하는 데 기여할 수 있다. 이러한 코팅은 특히 리튬 황화물(Li_2S)과 같은 비활성 상의 형성을 줄이는 데 효과적이라는 연구 결과가 보고되고 있다.

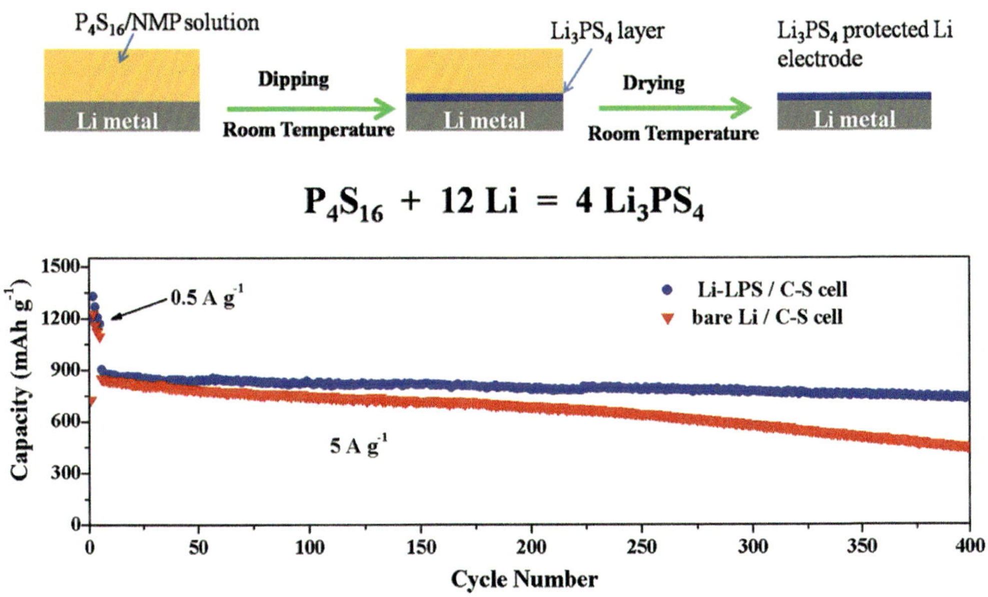

▲ 그림 Li 음극의 표면에 In-situ 코팅된 Li_3PS_4 층
(출처: https://doi.org/10.1002/adma.201804684)

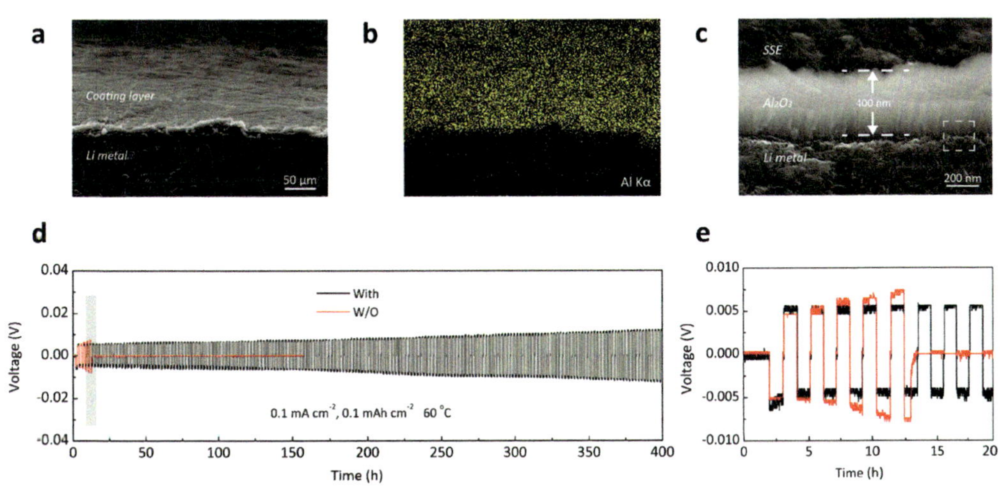

▲ 그림 Al_2O_3가 표면에 코팅된 Li 음극의 효과
(출처: https://doi.org/10.1021/acs.nanolett.1c01344)

황화물 전해질의 화학 조성을 최적화하는 접근법도 상변화 문제를 완화하는 데 유용하다. 예를 들어, LGPS에서 Ge(게르마늄)을 Si(규소) 또는 Sn(주석)으로 부분 대체하면, 구조적 유연

성과 열적 안정성이 개선된다. 이는 Ge 대체를 통해 결합 강도를 조절함으로써 이온 이동 경로를 안정화하고, 상변화로 인한 구조적 붕괴를 완화할 수 있기 때문이다. 예를 들어, $Li_{10.35}[Sn_{0.27}Si_{1.08}]P_{1.65}S_{12}$는 높은 이온 전도도를 달성한 성공적인 조합 사례로, Sn과 Si의 최적 혼합을 통해 이온 이동성을 개선하였다. 그러나 Sn의 비율이 과도하게 높아지면 구조적 병목 현상이 발생하여 이온 전도 채널이 좁아질 수 있다는 점에 유의해야 한다.

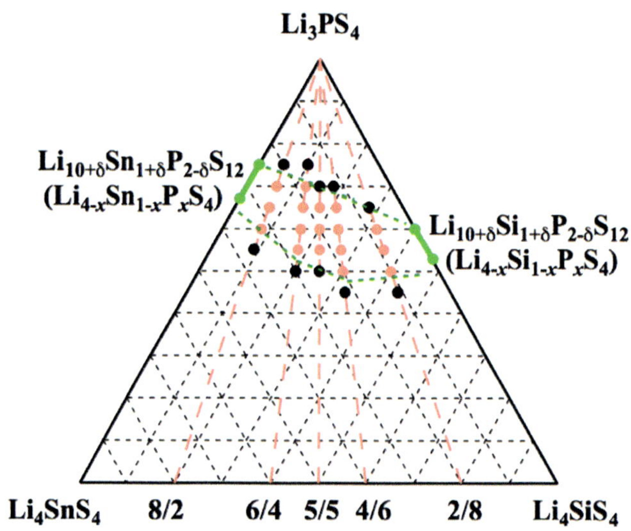

▲ 그림 $Li_3PS_4-Li_4SnS_4-Li_4SiS_4$ 시스템의 상평형도를 통한 LGPS의 조성 변경 사례
(출처: https://doi.org/10.1021/acs.chemmater.7b00886)

또한, S(황)를 Cl(염소)이나 O(산소)로 부분 치환하는 연구도 LGPS의 화학적 및 열적 안정성을 높이는 데 중요한 역할을 한다. 산소 치환은 강한 M-O(M은 Ge, Si, Sn 등) 결합을 형성하여 열역학적 안정성을 강화하며, 비활성 생성물(예: Li_2S, Li-Ge 합금)의 형성을 억제한다. 그러나 O^{2-} 이온과 Li^+ 이온 간의 정전기적 인력이 증가해 이온 전도도가 감소할 가능성이 있으므로, 치환 비율에 대한 세심한 설계가 필요하다.

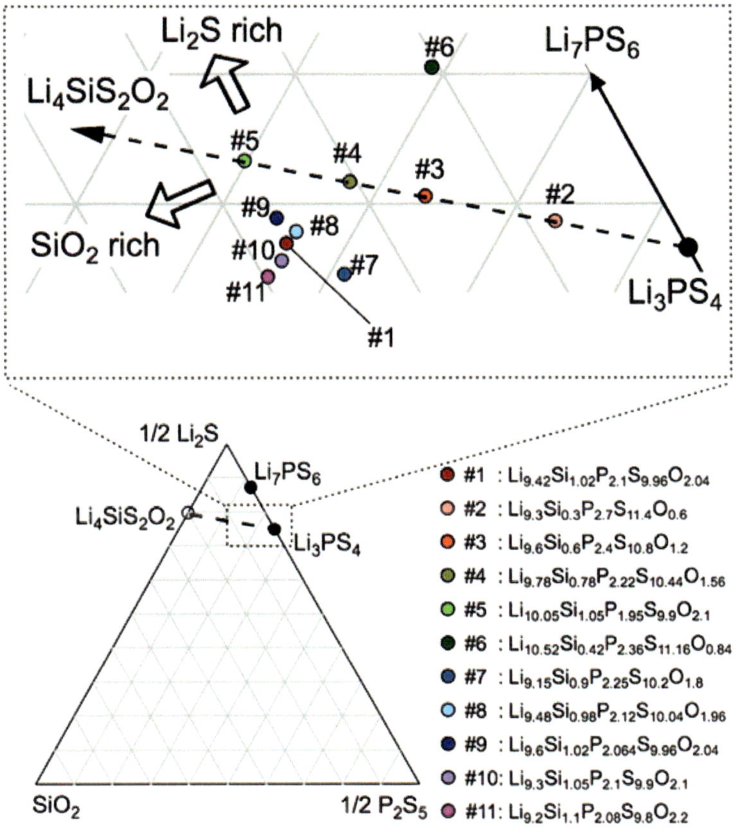

▲ 그림 Li_2S-P_2S_5-SiO_2 시스템의 상평형도를 통한 LGPS의 조성 변경 사례
(출처: https://doi.org/10.3389/fenrg.2016.00038)

LGPS의 결정 구조 내에서 PS_4와 LiS_6(리튬황화물) 폴리헤드론 간 결합 경계를 제어하는 방법 역시 주목할 만하다. 이 접근법은 이온 이동 경로를 최적화하고, 고체 전해질 구조 내에서의 상변화를 억제하여 전해질의 장기적 안정성을 향상한다. 이러한 화학적 조정은 LGPS 전해질의 상변화 문제를 효과적으로 완화하며, 고체 전해질 기반 리튬 이온 배터리의 성능과 안정성을 동시에 개선하는 핵심적인 기술로 자리 잡고 있다.

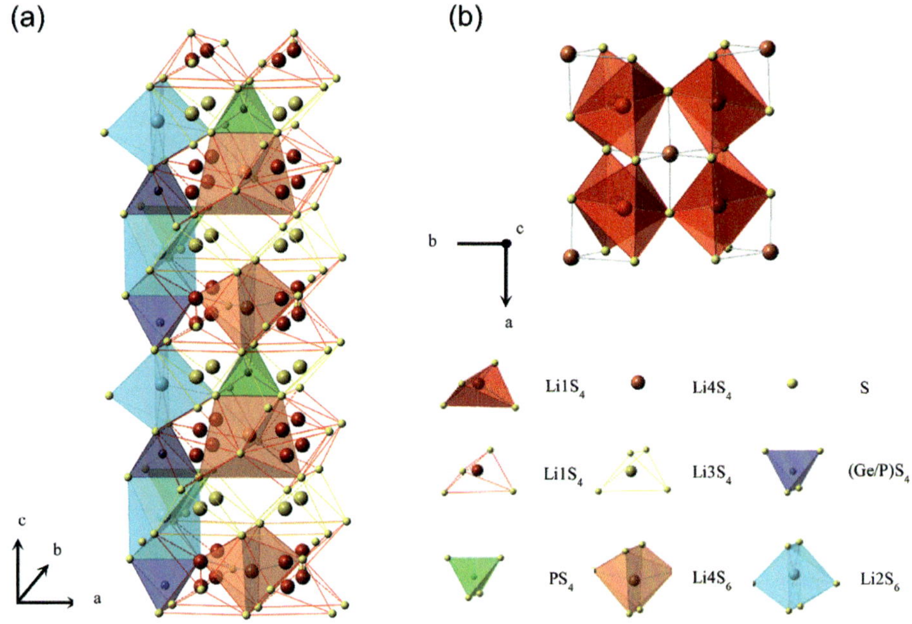

▲ 그림 $Li_2(4d)S_6$ 팔면체와 $(Ge/P)(4d)S_4$ 사면체로 이루어진 $Li_{10+\delta}Ge_{1+\delta}P_{2-\delta}S_{12}$ $(0 \le \delta \le 0.35)$의 3차원 구조
(출처: https://doi.org/10.1039/C4TA05231E)

더 나아가, 황화물 전해질의 입자 크기를 줄이고 나노 크기의 분말로 전환하는 방식도 상변화 문제 해결에 효과적이다. 입자 크기를 줄이면 전극과 전해질 간의 접촉 면적이 증가하여 계면

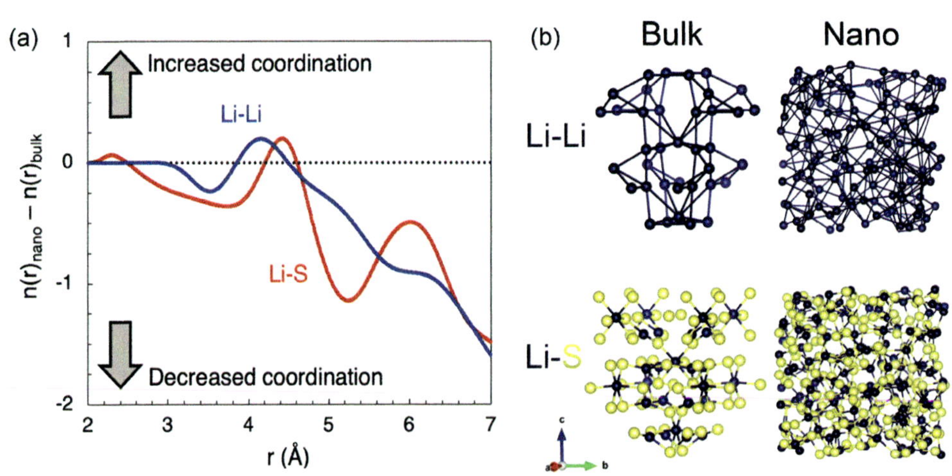

▲ 그림 나노 결정형과 벌크 LGPS 간의 이온 배위와 구조 차이
(출처: https://doi.org/10.1021/acsmaterialslett.1c00766)

반응성을 조절할 수 있다. 예를 들어, 나노 크기의 LGPS 입자는 전극과의 접촉성을 개선하고, 계면 반응을 균일하게 만들어 구조적 손상을 최소화한다. 이 과정에서 상변화로 인한 부작용, 예를 들어 반복적인 충·방전 과정에서 발생하는 기계적 스트레스가 완화될 수 있다.

마지막으로, 황화물 전해질에 계면 활성 첨가제를 도입하거나, 계면에서의 화학적 반응성을 조절하는 방식도 주목받고 있다. 첨가제를 사용하면 전해질과 전극 사이의 상호작용을 개선하여, 상변화로 인한 전지 성능 저하를 방지할 수 있다. 이러한 다양한 기술적 접근은 황화물 전해질의 상변화 문제를 해결하는 데 중요한 역할을 하며, 전지의 장기적인 안정성과 성능을 크게 개선할 가능성을 열어준다.

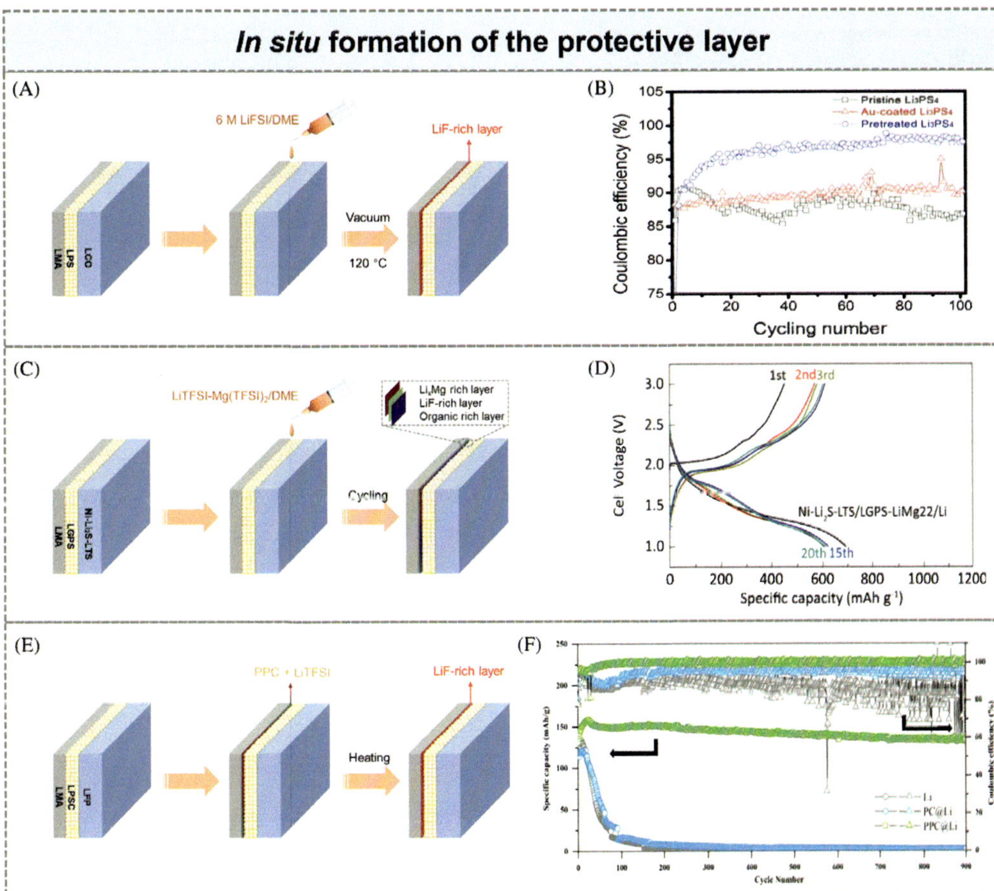

▲ 그림 계면 활성 첨가제의 도입을 통한 전해질/음극 간 상호작용 개선 사례
(출처: https://doi.org/10.1002/eom2.12383)

산화물 기반 전해질은 리튬 이온 전도체로서 우수한 화학적 안정성과 열적 안정성을 제공하여 고온 환경에서도 안정적으로 작동할 수 있다는 점에서 주목받고 있다. 대표적인 산화물 전해질로는 $Li_7La_3Zr_2O_{12}$(LLZO)가 있으며, 이는 고체 전해질 중에서도 특히 높은 열적 안정성과 광범위한 전기화학적 안정성 창(electrochemical stability window)을 제공한다. LLZO는 약 400 ℃ 이상의 고온에서도 분해되지 않고 구조적 안정성을 유지하며, 리튬 금속 음극과 직접 접촉해도 부반응을 최소화하는 특징을 가진다. 이러한 특성은 고온 충·방전 조건에서도 전지의 안정성을 보장하는 데 중요한 역할을 한다.

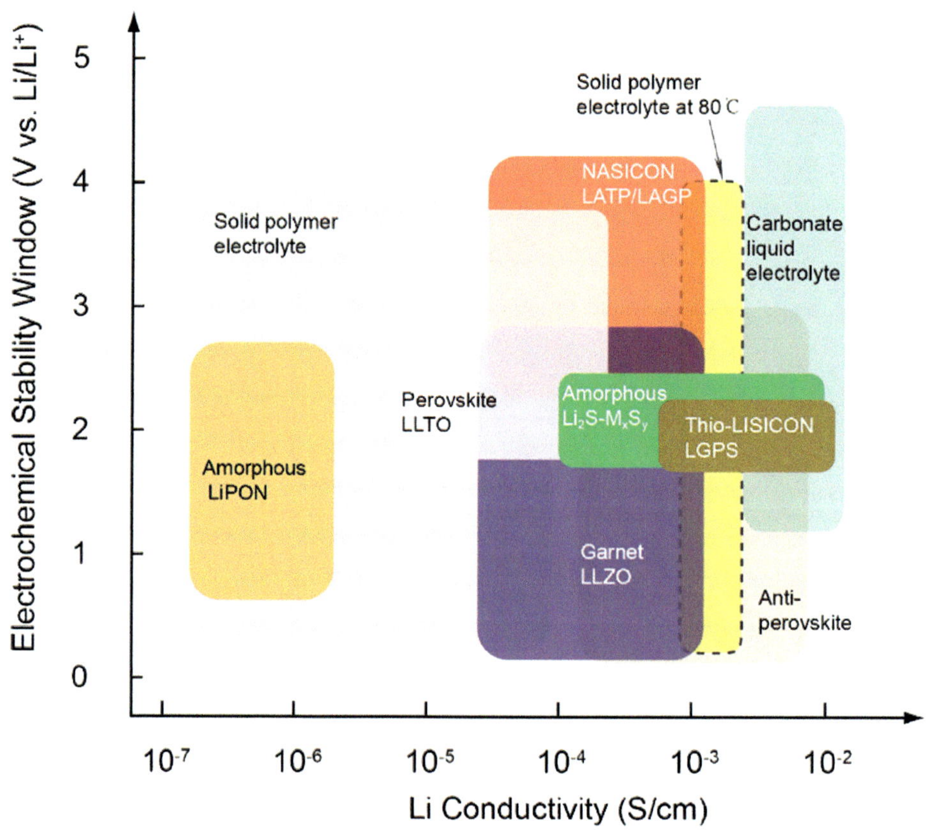

▲ 그림 고체 전해질별 전기화학적 안정성 창과 리튬 이온 전도도
(출처: https://doi.org/10.1021/acs.chemrev.9b00268)

산화물 기반 전해질은 결정 구조 내에서 리튬 이온의 이동 통로를 형성하며, 높은 치밀도와 균일한 미세구조를 갖추어야 최적의 성능을 발휘할 수 있다. LLZO의 경우, 리튬 이온 전도

도는 약 10^{-4}~10^{-3} S/cm에 달하며, 이는 고체 전해질로서 매우 높은 수준이다. 이 높은 전도성은 LLZO가 고체 구조 내에서 리튬 이온이 이동할 수 있는 3차원적인 통로를 제공하기 때문이다. 그러나 이와 같은 특성을 얻기 위해서는 고온 소결 공정을 통해 치밀도를 높이고, 미세 결정 입계를 최소화해야 한다. 이러한 소결 공정은 일반적으로 1000 ℃ 이상의 높은 온도에서 이루어지며, 제조 비용 증가와 공정 복잡성을 초래하는 요인이 된다.

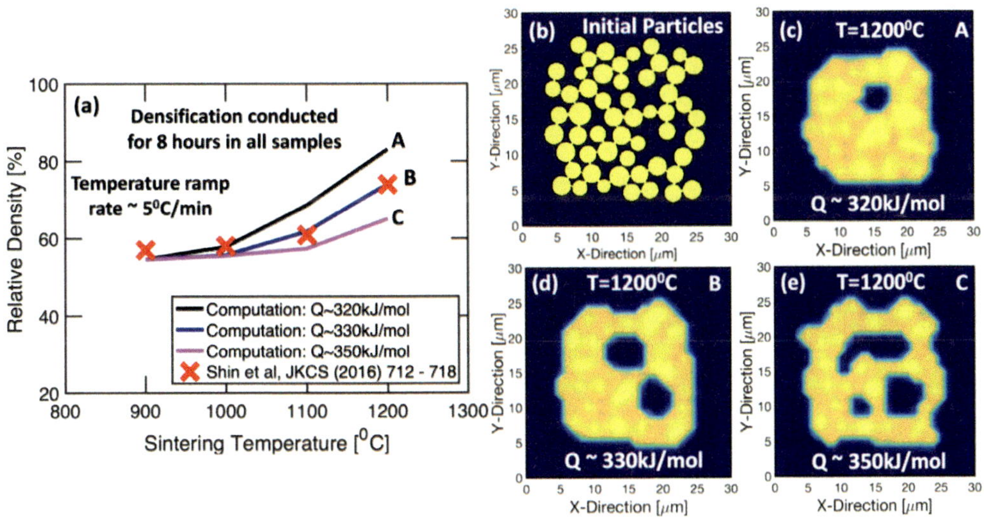

▲ 그림 고온 소결 공정을 통한 LLZO의 치밀도 향상 사례
(출처: https://doi.org/10.1021/acs.chemmater.0c04393)

산화물 전해질은 높은 열적 및 화학적 안정성에도 불구하고 전극과의 계면 접촉성 부족으로 인해 실질적인 한계를 드러낸다. 대표적으로 LLZO는 리튬 금속 음극과 결합할 때 높은 계면 저항을 보이며, 이는 충·방전 과정에서 리튬 이온 이동 경로의 불연속성을 초래한다. 이로 인해 전지의 전기화학적 성능이 제한되며, 장기적인 안정성에도 악영향을 미칠 수 있다. 이러한 접촉 문제는 산화물 전해질의 높은 기계적 강도에서 기인하며, 전극 표면의 미세 결함이나 부피 변화에 민감하게 반응함으로써 발생한다.

이와 함께, 산화물 전해질의 계면에서 발생하는 화학적 반응은 추가적인 문제를 초래할 수 있다. 예를 들어, LLZO는 대기 중의 수분 및 이산화탄소와 반응하여 표면에 Li_2CO_3 층을 형성할 가능성이 있다. 이러한 Li_2CO_3 층은 리튬 이온 이동 경로를 차단하고, 계면 저항을 증가시키며, 전지의 충·방전 효율과 수명을 저하한다. 특히 반복적인 충·방전 과정에서 이러한 비활성 상은 전지 성능에 누적적인 영향을 미칠 수 있다. 따라서 이러한 문제를 완화하거나 방지하기 위한 표면 처리 기술이 필수적으로 요구된다.

Li_2CO_3와 같은 비활성 상의 형성을 억제하기 위해 다양한 화학적 및 물리적 처리가 연구되고 있다. 예를 들어, 산 처리를 통해 Li_2CO_3 층을 제거하는 기술이 대표적이다. HCl과 같은 산을 사용하여 Li_2CO_3를 제거하면, 전해질 표면의 이온 전도성이 회복되고 계면 저항이 감소하며 전지 성능이 개선될 수 있다. 또한, 표면 처리는 비활성 상의 형성을 방지하는 동시에 충·방전 과정에서 발생하는 열적 및 화학적 불안정성을 줄이는 데 중요한 역할을 한다. 이를 통해 전지의 장기적인 내구성과 안정성을 확보할 수 있다.

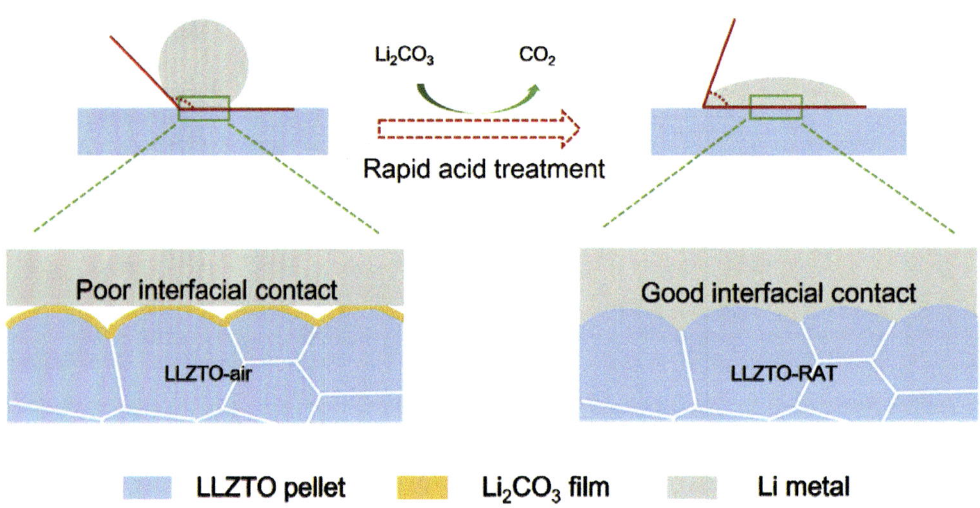

▲ 그림 LLZTO의 표면 산처리를 통한 Li_2CO_3 층의 생성 억제 사례
(출처: https://doi.org/10.1016/j.nanoen.2019.04.058)

Li_2CO_3 문제를 넘어, 산화물 전해질의 계면 특성을 근본적으로 개선하기 위한 첨가제 및 구조적 설계도 활발히 연구되고 있다. 알루미나(Al_2O_3)와 같은 세라믹 첨가제는 단순히 Li_2CO_3 제거를 넘어 전해질 입자 경계에서의 전도성을 높이고 계면 저항을 완화하는 데 효과적이다. 특히 Al_2O_3 첨가 후 생성되는 $LiAlO_2$는 리튬 이온의 고속 전도를 지원하며, 전해질 입자 내부의 전도성을 개선한다. 연구에 따르면, LLZT 전해질의 치밀도는 Al_2O_3 첨가 전 약 83%에서 첨가 후 약 96%로 증가했으며, 인터페이스 저항은 1270 $\Omega\cdot cm^2$에서 59 $\Omega\cdot cm^2$로 크게 감소하였다. 이러한 첨가제는 전극-전해질 간의 접촉성을 개선하며, 전지의 출력 특성과 장기 안정

성을 높이는 데 기여한다.

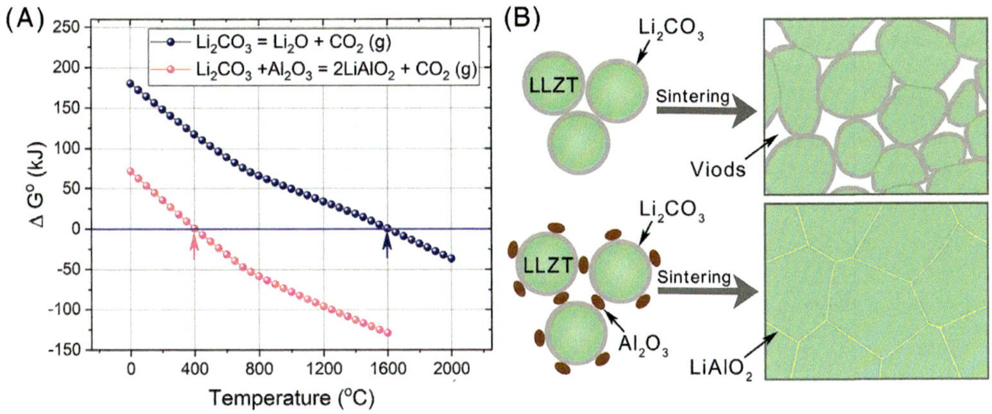

▲ 그림 Li_2CO_3 분해의 Gibbs 자유 에너지와 온도 관계 및 소결 과정에서 Al_2O_3의 역할
(출처: https://doi.org/10.1002/er.5562)

아울러, 계면 활성 처리와 계면 설계 역시 산화물 전해질의 상변화 문제를 해결하는 중요한 접근법으로 주목받고 있다. 계면 처리는 전해질 표면의 화학적 반응성을 조절하며, 충·방전 과정에서의 기계적 안정성을 높인다. 이러한 기술들은 산화물 전해질의 실질적인 적용 가능성을 높이며, 고성능 전지 개발에서 핵심적인 역할을 할 것으로 기대된다.

한편, LLZO의 조성 최적화는 리튬 이온 전도도를 높이고 계면 안정성을 개선하는 데 있어 중요한 접근법으로 평가받고 있다. 특히, Al, Ta, Nb와 같은 도핑 원소를 첨가하면 결정 구조 내에서 리튬 이온의 이동 경로가 확장되어 전도도가 향상된다. 예를 들어, Al을 도핑한 LLZO(Al-LLZO)는 Li^+ 이온의 이동성을 촉진하며, 동시에 계면 저항을 줄이는 데 효과적이다. 적절한 Al 도핑 농도(약 0.32)는 순수한 입방정계 구조를 안정화해 최대 리튬 이온 전도도(1.7×10^{-4} S/cm)를 구현할 수 있다.

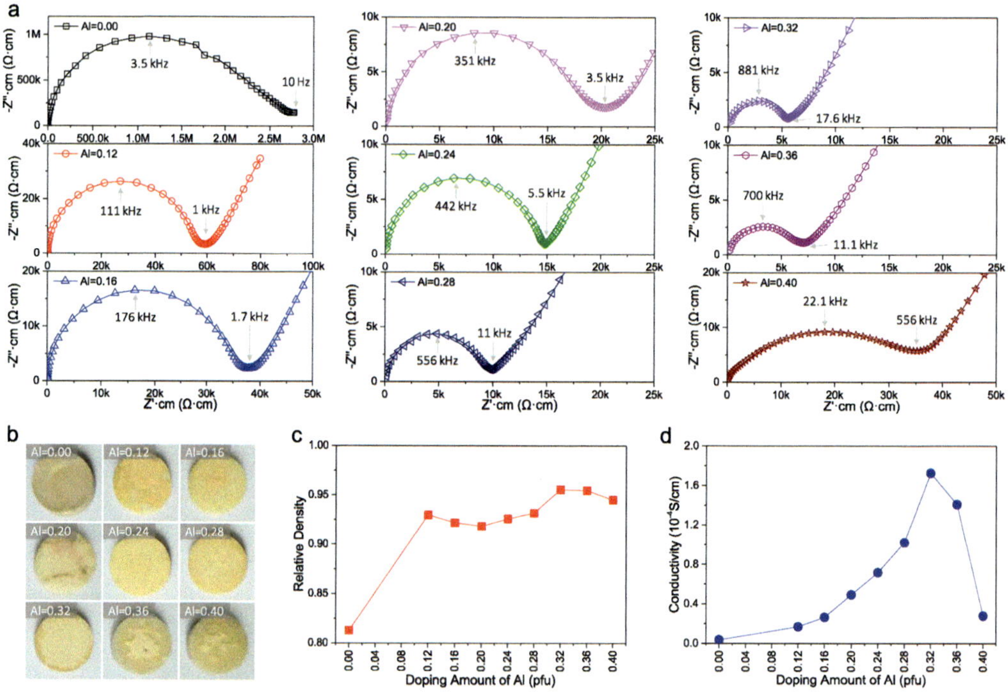

▲ 그림 Al이 도핑된 LLZO의 성능 향상 사례
(출처: https://doi.org/10.1016/j.ceramint.2021.04.295)

그러나 도핑 농도가 과도하게 높아지면, $LiAlO_2$ 및 $LaAlO_3$와 같은 비활성 상이 입계에서 형성될 위험이 있다. 이들 비활성 상은 입계 저항을 증가시키고, 리튬 이온의 이동성을 저해하여 전지 성능을 저하할 수 있다. 따라서 입방정계와 사방정계의 상변화를 균형 있게 조정하고, 입계에서 비활성 상의 형성을 최소화하는 것이 LLZO 조성 설계의 핵심 과제 중 하나다.

더 나아가, LLZO의 고온 소결 과정에서 발생하는 리튬 손실 문제를 해결하기 위한 기술도 연구되고 있다. 예를 들어, 소결 과정 중 Li_2O 가스 환경을 조성하거나, Al_2O_3 도가니를 활용하여 Al의 균일한 분산을 유도하는 방법이 효과적으로 사용되고 있다. 이러한 기술은 LLZO의 미세구조를 개선하며, 전도도와 계면 안정성을 동시에 강화할 수 있다.

고분자 기반 전해질은 제조 공정이 용이하고 유연성을 제공한다는 점에서 다양한 전지 설계에 적합하며, 특히 리튬 이온 배터리의 안전성을 강화할 수 있는 소재로 주목받고 있다. 대표적으로 Polyethylene Oxide(PEO)는 가장 널리 연구된 고분자 전해질 중 하나로, 리튬염과 결합하여 리튬 이온 이동 경로를 제공한다. PEO의 에틸렌 옥사이드(EO) 단위는 리튬 이온과 강하게 결합해 이온 전도성을 확보하며, 유연한 사슬 구조는 전극과 전해질 간의 밀착 접촉을 유지해 계면 안정성을 높이는 데 중요한 역할을 한다. 그러나 PEO는 높은 결정성으로 인해 상온에서 이온 전도도가 제한되며, 이를 극복하기 위한 다양한 개선 방안이 연구되고 있다.

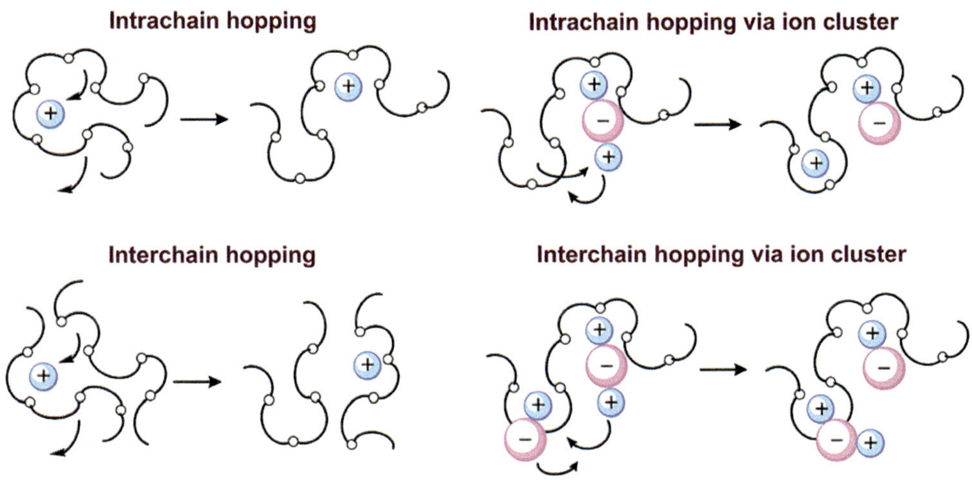

▲ 그림 PEO의 이온 전달 메커니즘
(출처: https://doi.org/10.1039/C5TA03471J)

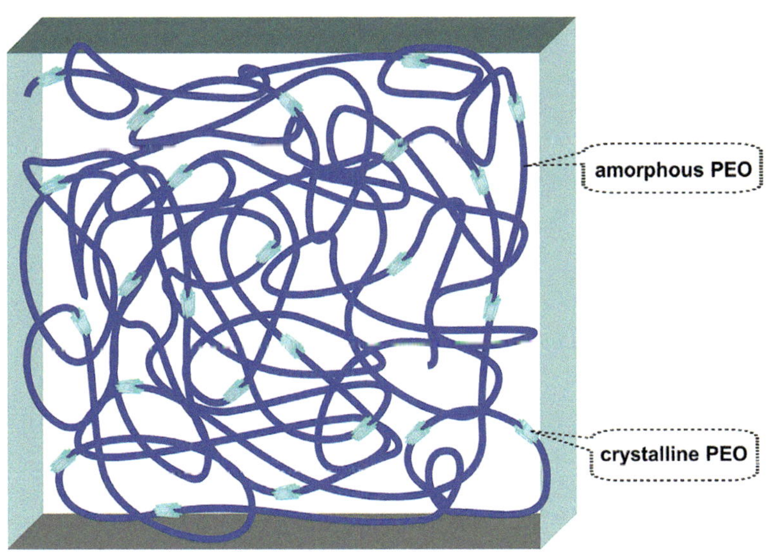

▲ 그림 semi-crystalline PEO의 형태
(출처: https://doi.org/10.1039/C5TA03471J)

가소제는 PEO 사슬 간의 분자 간 결합을 약화시켜 결정 구조를 부분적으로 깨뜨리고, 비결정성(amorphous) 영역을 확대하는 역할을 한다. 디메틸 카보네이트(DMC)와 같은 가소제는 특히 효과적인 선택지로, 리튬 이온이 이동할 수 있는 경로를 제공하면서도 고분자의 유연성을 유지한다. 이러한 가소제는 PEO의 고체 상태에서도 이온 전도성을 크게 향상시킬 수 있는 장점을 지닌다.

가소제의 첨가는 PEO 사슬의 자유도를 증가시켜 에틸렌 옥사이드(EO) 단위의 동적 움직임을 촉진한다. EO 단위는 리튬 이온과의 결합을 통해 이온 전도 경로를 형성하는데, 가소제가 첨가되면 이 단위의 이동성과 재배열이 더욱 활성화된다. 이를 통해 리튬 이온이 고분자 매트릭스 내에서 더욱 원활하게 이동할 수 있다. 특히, 가소제가 PEO의 특정 농도로 첨가될 경우, 결정성 저하와 비결정성 영역 확대 사이의 균형을 맞춰 최적의 이온 전도 경로를 제공한다는 연구 결과도 보고되고 있다.

Polymer matrix	Li salt	Plasticizer	Temp. (°C)	Ionic conductivity (S cm^{-1})
PEO	LiTf	PEG	40	10^{-4}
PEO	LiTFSI	PEGDME	60	3.8×10^{-4}
PEO	LiTf	MC3	25	5.0×10^{-5}
PEO	LiTf	TEG	30	6.5×10^{-5}
PEO	LiTf	EC	60	9.0×10^{-4}
PEO	LiTf	PC	60	5.2×10^{-5}
PEO/P(VDF-HFP)	$LiClO_4$	EC/PC	30	1.25×10^{-3}
PEO/PDMAEMA	LiTFSI	Tetraglyme	25	4.7×10^{-4}
PEO	LiTf	EC	25	1.5×10^{-4}
PEO	LiTf	EC/PC	25	1.2×10^{-4}
PEO	LiTf	EC	30	1.6×10^{-4}
PEO	LiTf	LiTFSI/DEP	20	4.6×10^{-5}
PEO	$LiClO_4$	DOP	25	9.76×10^{-5}
PEO	$LiClO_4$	DBP	25	$\sim 10^{-5}$
PEO	$LiClO_4$	DMP	25	$\sim 10^{-5}$
PEO	LiTf	DBP	25	6.0×10^{-4}
PEO	LiTFSI	CP	25	$\sim 10^{-5}$
PEO	LiTFSI	SN	30	1.0×10^{-3}
PEO	LiTFSI	SN	25	2.9×10^{-3}
PEO	LiBOB	SN	20	$\sim 10^{-4}$
PEO	LiTFSI	BMITFSI	25	3.2×10^{-4}
PEO	LiTFSI	EMITFSI	40	2.67×10^{-4}
PEO	LiTFSI	$PP_{13}TFSI$	40	8.93×10^{-5}
PEO	LiTf	EMITf	25	3.0×10^{-4}
PEO	LiTFSI	$PP_{13}FSI$	60	2.18×10^{-3}
PEO	LiTFSI	$Pyr_{24}TFSI$	35	$\sim 10^{-5}$
PEO	$LiBF_4$	$MMPIBF_4$	25	2.06×10^{-3}
PEO	$LiPF_6$	$MMPIPF_6$	25	1.13×10^{-3}

▲ 그림 PEO 기반 전해질의 설계에 가소제를 적용한 다양한 사례
(출처: https://doi.org/10.1039/C5TA03471J)

또한, 가소제와 함께 PEO의 화학 구조를 변형하여 결정성을 낮추는 연구도 활발히 진행되고 있다. 예를 들어, EO 단위 사이에 플루오르화된 작용기를 도입하면 PEO의 구조적 유연성이 향상하고, 분자 간 상호작용이 약화하여 비결정성 영역이 확장된다. 이러한 구조적 변형은 리튬 이온 이동 경로를 보다 효율적으로 형성하며, 충·방전 효율을 높이는 데 기여한다.

더불어 PEO 기반 전해질에 세라믹 나노필러를 첨가하는 방법도 이온 전도성과 구조적 안정성을 동시에 강화하는 효과적인 전략으로 평가된다. 대표적으로 알루미나(Al_2O_3)와 같은 세라믹 나노필러는 PEO 매트릭스 내에서 균일하게 분산되어 작용하며, PEO의 결정화를 억제하는 데 중요한 역할을 한다. PEO는 본질적으로 결정성과 비결정성 영역을 동시에 포함하고 있으며, 결정성 영역은 리튬 이온 이동을 방해하는 주요 요인으로 작용한다. 알루미나 나노필러는 PEO의 결정성 영역을 줄이고 비결정성 영역을 확장함으로써 리튬 이온이 이동할 수 있는 경로를 더욱 원활하게 형성한다.

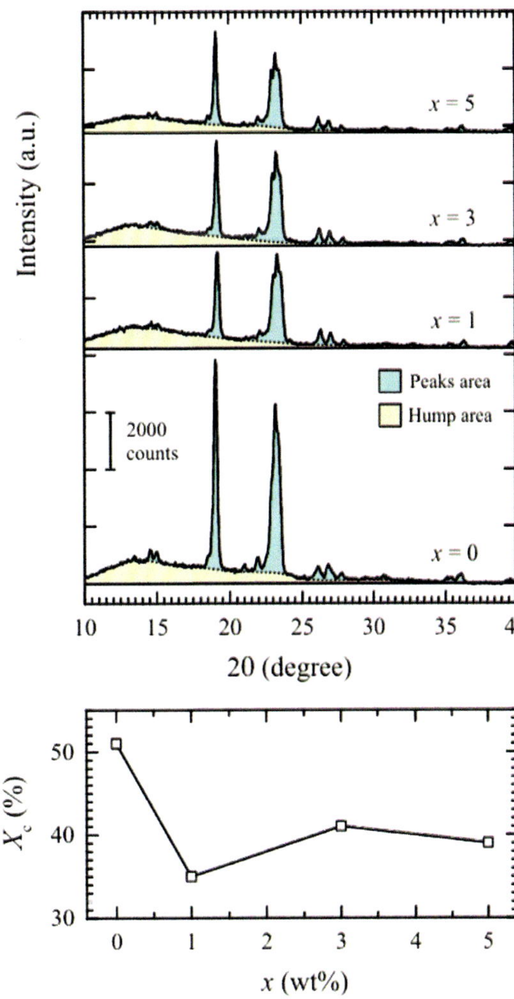

▲ 그림 Al_2O_3 나노필러의 함량(x)에 따른 PEO/PMMA의 결정화도 변화
(출처: https://doi.org/10.1007/s42114-019-00078-8)

나노필러는 PEO의 사슬 간 상호작용을 약화하고 사슬의 유연성을 증가시켜 리튬 이온의 이동성을 높인다. 특히, 나노필러는 충·방전 과정에서 전해질의 구조적 안정성을 유지하는 데

유리하다. 충·방전 과정에서 전지 내부에서 발생하는 응력과 물리적 변형은 전해질의 성능 저하로 이어질 수 있다. 그러나 알루미나와 같은 나노필러는 이러한 응력을 완화하고, 충·방전 시에도 전해질의 물리적 형태를 안정적으로 유지할 수 있도록 돕는다.

고온 환경에서도 나노필러의 효과는 두드러진다. 고온 조건에서는 PEO가 재결정화(recrystallization)를 겪으면서 이온 전도 경로의 연속성이 깨질 수 있다. 그러나 알루미나 나노필러는 재결정화를 억제하여 PEO 매트릭스 내에서 비결정성 영역을 유지하고, 이온 전도 경로의 단절을 방지한다. 나노필러는 또한 PEO의 열적 안정성을 높이는 데 기여하며, 고온 환경에서도 전해질의 성능을 안정적으로 유지할 수 있도록 한다.

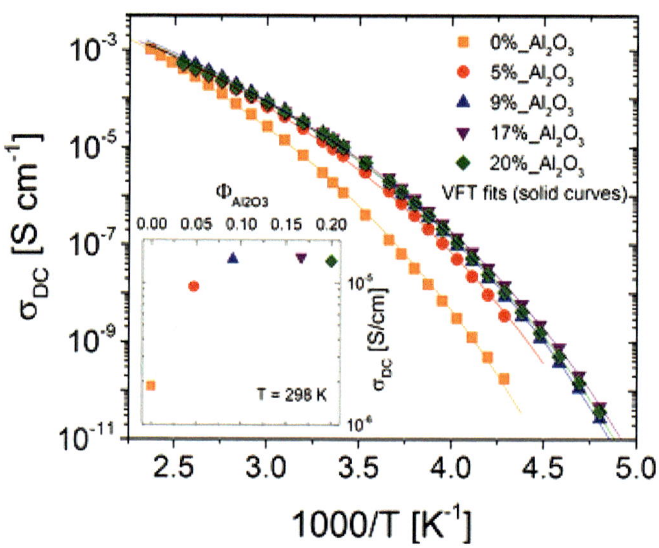

▲ 그림 Al_2O_3 나노와이어의 함량 변화에 따른 온도별 이온 전도도 차이
(출처: https://doi.org/10.1021/acs.macromol.8b01603)

이 외에도, 나노필러는 전해질의 기계적 강도를 강화하는 역할을 한다. 나노필러가 첨가된 PEO 전해질은 균열 발생과 같은 물리적 손상을 억제하며, 전지의 수명을 연장하는 데 기여한다. 최근 연구에서는 알루미나뿐만 아니라 지르코니아(ZrO_2), 티타니아(TiO_2)와 같은 다양한 나노필러를 활용하여 전해질의 이온 전도성과 안정성을 최적화하는 시도가 이루어지고 있다. 이러한 전략은 PEO 기반 전해질을 이용한 리튬 이온 배터리의 성능을 크게 개선할 수 있는 유망한 방법으로 평가받고 있다.

Composite electrolyte	σ of polymer-SCE [S cm⁻¹]	σ of polymer electrolyte ref. [S cm⁻¹]	Temperature [°C]
$PEO/LiI/Al_2O_3$	1×10^{-4}	0.5×10^{-4}	40
$PEO/LiClO_4/Al_2O_3$	1×10^{-5}	$\approx 8 \times 10^{-7}$	25
$PEO/LiClO_4/SiO_2$	8×10^{-6}	2×10^{-7}	30
$PEO/LiClO_4/TiO_2$	2×10^{-5}	2×10^{-6}	30
$PEO/LiN(SO_2CF_3)_2/SiO_2$	1.4×10^{-4}	1.5×10^{-5}	RT
$PEO/ LiClO_4/Al_2O_3$	$\approx 10^{-5}$	$\approx 10^{-7}$	RT
$PEO/LiBF_4/ZrO_2$	4×10^{-8}	2×10^{-8}	25

▲ 그림 나노필러를 포함한 복합 고분자 전해질(CPE)의 다양한 구성
(출처: https://doi.org/10.1002/admi.201800899)

리튬염 첨가는 PEO 전해질의 이온 전도성을 최적화하기 위한 또 다른 핵심 기술이다. 리튬 비스(트리플루오로메탄설폰)이미드(LiTFSI)는 PEO와의 상호작용을 통해 리튬 이온 이동을

▲ 그림 LiTFSI 첨가제의 함량 변화에 따른 PEO 전해질의 고온 안정성 차이
(출처: https://doi.org/10.1016/j.electacta.2007.03.032)

원활하게 하며, 특히 고온에서도 안정적인 성능을 발휘한다. 리튬염 농도를 적절히 조절하면 전해질 내에서 이온 농도를 최적화하여 전지 성능을 높일 수 있다. 이러한 조정은 PEO 기반 전해질의 고온 환경에서의 성능 향상에도 큰 영향을 미친다. 고온에서는 PEO 사슬의 움직임이 활성화되어 이온 전도성이 증가하며, 전극과 전해질 간의 접촉성이 강화된다. 그러나 이 과정에서 물리적 변형이나 재결정화가 발생할 수 있어 이를 해결하기 위한 추가적인 설계가 요구된다.

PEO 기반 전해질의 구조적 안정성을 강화하는 데 가교 구조 설계가 중요한 역할을 한다. 고분자 사슬 간 화학적 또는 물리적 결합을 형성하여 열적 안정성과 기계적 강도를 동시에 향상시키는 이 구조는 특히 고온 환경에서 발생할 수 있는 재결정화와 같은 문제를 억제하는 데 효과적이다. 이러한 결합은 비결정성 영역을 안정적으로 유지시켜 리튬 이온 이동 경로가 단절되는 것을 방지하며, 전지 성능의 일관성을 보장한다.

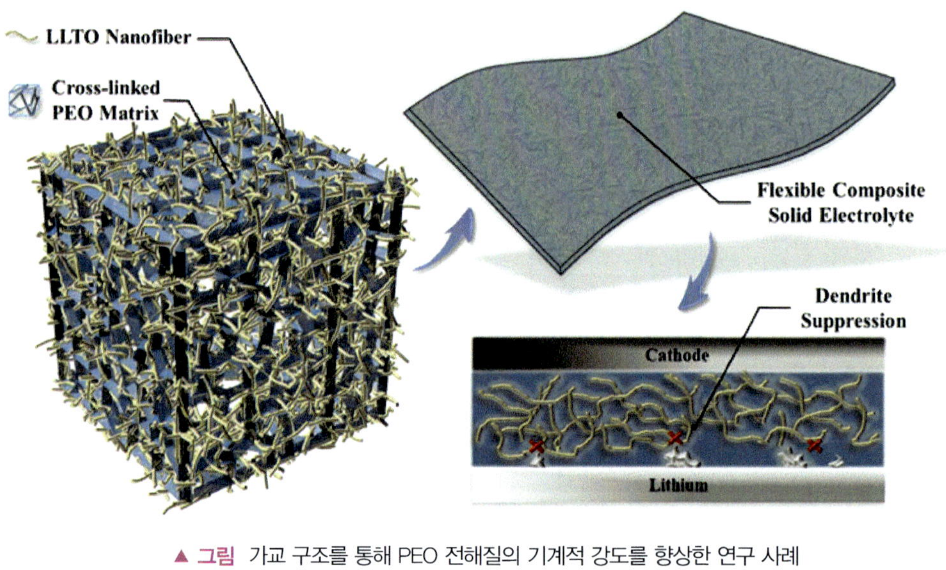

▲ 그림 가교 구조를 통해 PEO 전해질의 기계적 강도를 향상한 연구 사례
(출처: https://doi.org/10.1007/s42765-019-00006-x)

충·방전 과정 중 발생하는 물리적 응력이나 부피 변화는 전해질에 구조적 손상을 유발할 수 있지만, 가교 구조는 이를 효과적으로 완화한다. 고분자 네트워크가 강화됨으로써 전해질이 반복적인 충·방전에도 안정성을 유지할 수 있으며, 장기적인 사용 수명 연장에도 기여한다. 특히, 사슬 간 상호작용이 강화된 PEO 기반 전해질은 충격이나 압력에도 균열 없이 견고한

구조를 유지한다는 점에서 우수한 내구성을 제공한다.

가교 구조는 또한 전해질의 이온 전도 특성을 개선하는 데도 중요한 역할을 한다. 고정된 고분자 사슬이 리튬 이온 이동에 일관된 경로를 제공하면서도, 일정 수준의 유연성을 유지하여 충·방전 효율을 높인다. 이로 인해 고온 환경에서도 높은 이온 전도성을 유지할 수 있으며, 전지의 열적 안정성과 작동 효율을 동시에 확보할 수 있다. 자외선(UV) 경화, 화학적 가교제 도입, 열 경화와 같은 기술은 이러한 가교 구조를 구현하기 위한 주요 방법으로, 차세대 고성능 리튬 이온 전지 개발에 핵심적인 역할을 하고 있다.

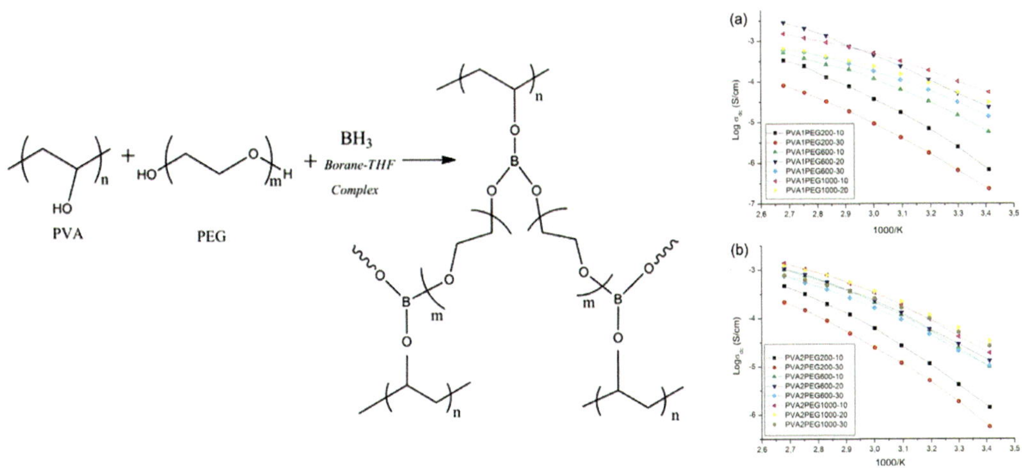

▲ 그림 PEO의 가교화에 따른 이온 전도도 향상
(출처: https://doi.org/10.1002/app.35081)

한편, PEO를 다른 고분자와 혼합하여 복합 고분자 전해질로 설계하면 각각의 고분자가 가지는 장점을 결합하여 이온 전도성과 열적 안정성을 동시에 향상할 수 있다. 이는 단일 고분자 전해질이 가지는 한계를 극복하고, 보다 다양한 응용 환경에서 안정적으로 작동할 수 있는 전해질 시스템을 구축하는 데 효과적이다.

예를 들어, Poly(vinylidene fluoride)(PVDF)와 PEO의 조합은 대표적인 복합 고분자 전해질 사례로, 두 고분자의 상호 보완적 특성을 활용한다. PVDF는 높은 기계적 강도와 우수한 열적 안정성을 제공하며, PEO는 리튬 이온의 이동 경로를 제공하는 역할을 한다. 이 조합은 PVDF의 강력한 결정 구조가 PEO의 비결정성 영역을 안정화하여 구조적 변형을 방지하고,

충·방전 과정 중에도 전해질이 균일한 특성을 유지할 수 있도록 한다. 동시에, PEO의 유연한 에테르 사슬은 리튬 이온과의 상호작용을 강화하여 이온 전도성을 증가시킨다.

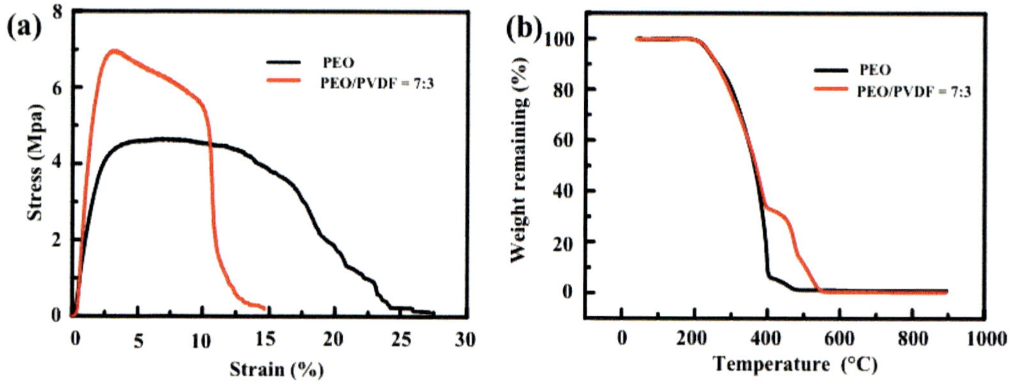

▲ 그림 PEO/PVDF 복합 고분자 전해질의 기계적 특성 및 열적 안정성 향상
(출처: https://doi.org/10.1007/s11581-019-03320-x)

복합 고분자 전해질은 리튬 이온 이동 경로의 연속성을 개선하는 동시에, 충·방전 과정에서 발생하는 기계적 응력을 완화하는 데 효과적이다. PVDF의 강한 인장 강도와 열적 안정성은 고온 환경에서도 전해질의 물리적 안정성을 보장하며, 전지의 수명을 연장하는 데 기여한다. 또한, PEO-PVDF 복합 전해질은 전극 표면과의 밀착성을 유지하여 계면 저항을 줄이고, 반복적인 충·방전 과정에서도 전지의 효율적인 작동을 지원한다.

더 나아가, PEO와 PVDF의 비율을 조정하거나 첨가제를 도입하면 복합 전해질의 성능을 세부적으로 조율할 수 있다. 예를 들어, 나노필러나 리튬염을 첨가하면 이온 전도성을 추가로 강화할 수 있으며, 고분자 간의 상호작용을 최적화하여 전해질의 기계적 특성과 열적 안정성을 동시에 개선할 수 있다. 이러한 복합 고분자 전해질은 전지의 안정성과 성능을 크게 향상시키며, 고에너지 밀도와 장기 신뢰성을 요구하는 차세대 리튬 이온 전지 설계에 유망한 솔루션으로 주목받고 있다.

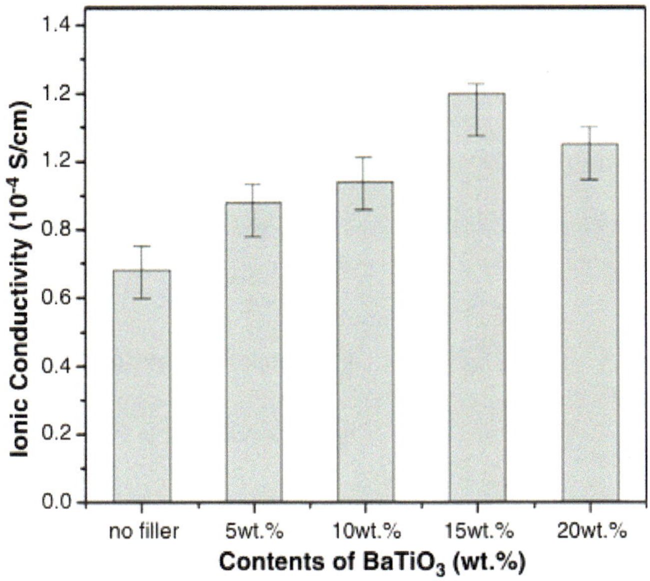

▲ 그림 $BaTiO_3$ 나노필러의 함량 변화에 따른 PEO/PVDF 복합 전해질의 이온 전도도 차이

(출처: https://doi.org/10.1016/j.ssi.2012.12.011)

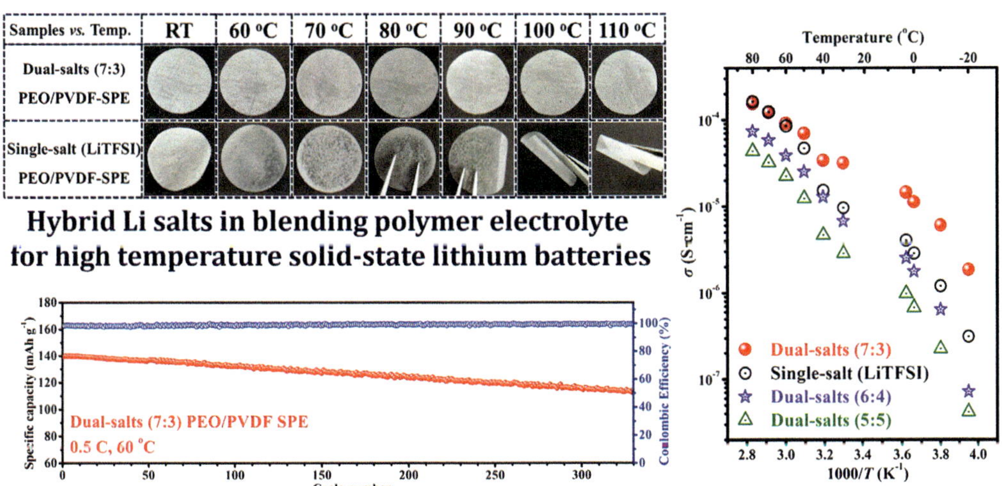

▲ 그림 리튬염(LiTFSI/LiODFB)을 포함한 PEO/PVDF 복합 고분자 전해질의 이온전도도

(출처: https://doi.org/10.1016/j.jssc.2022.123072)

❸ 고체–액체 복합 전해질의 상변화

고체-액체 복합 전해질(hybrid solid–liquid electrolyte, SE/LE)은 고체 전해질과 액체 전해질의

장점을 결합한 전해질 시스템으로, 차세대 리튬 이차전지의 중요한 기술로 주목받고 있다. 고체 전해질은 열적 안정성과 화학적 안전성을 제공하며, 액체 전해질은 높은 이온 전도성과 유연성을 갖추고 있어, 두 전해질이 함께 사용되면 전지의 성능과 안정성을 동시에 향상할 가능성이 있다. 그러나 이 두 상이 결합된 복합 시스템은 고유의 상변화와 복잡한 계면 반응을 동반하며, 이를 적절히 제어하지 못하면 전지 성능이 크게 저하될 수 있다.

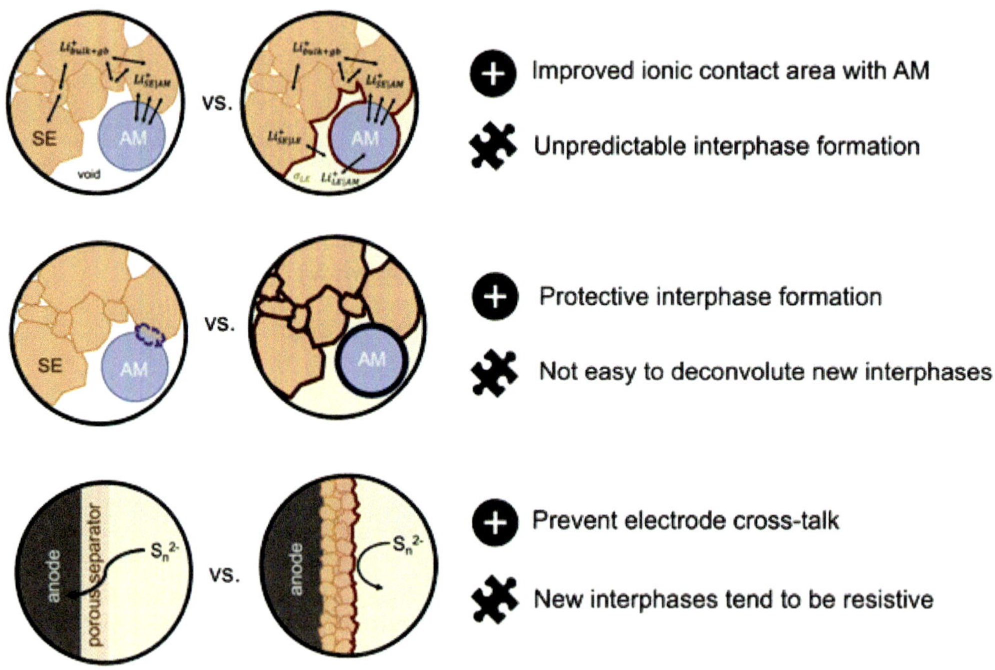

▲ 그림 고체–액체 복합 전해질의 장점 및 도전 과제
(출처: https://pubs.rsc.org/en/content/articlehtml/2022/ab/d2ta02179j)

복합 전해질의 핵심 구성 요소는 고체 전해질과 이를 채우는 액체 전해질이다. 액체 전해질은 고체 전해질의 미세공극을 채우며 리튬 이온의 이동 경로를 형성한다. 이때 고체 전해질은 구조적 지지체로서 작용하며, 액체 전해질은 높은 이온 이동성을 제공한다. 그러나 충·방전 과정에서 고체와 액체 간 계면에서 다양한 상변화가 발생할 수 있다. 대표적인 예로, 온도 변화나 전지 작동 조건에 따라 액체 전해질이 증발하거나 분해될 가능성이 있다. 이러한 변화는 고체 전해질 내부의 이온 전도 경로를 단절시키고 전지의 안정성을 저해하는 주요 원인으로 작용한다.

고체 전해질 표면에서의 상변화도 주요 과제 중 하나이다. 고체 전해질과 액체 전해질의 상호작용은 새로운 계면 상(Solid-Liquid Electrolyte Interphase, SLEI)을 형성하며, 이 계면 상의 화학적 조성과 두께가 복합 전해질 시스템의 성능에 큰 영향을 미친다. 예를 들어, SLEI는 비활성 상(예: Li_2CO_3, LiF)을 포함할 수 있으며, 이러한 비활성 상은 계면 저항을 증가시키고 리튬 이온의 이동 경로를 방해할 수 있다. 특히, 충·방전 과정에서 반복적으로 상변화가 일어나면 계면 반응성이 증가하고, 장기적으로 전지 성능이 악화할 수 있다.

[고체 전해질(SE)의 상변화] (ex. LLZO)	$Li_7La_3Zr_2O_{12} + xH_2O \rightarrow Li_{7-x}H_xLa_3La_2O_{12} + xLiOH$ $2LiOH + CO_2 \rightarrow Li_2CO_3 + H_2O$

+

[액체 전해질(LE)의 상변화] (ex. $LiPF_6$ in DMC/EC)	$LiPF_6 \rightarrow LiF + PF_5$ $PF_5 + H_2O \rightarrow POF_3 + 2HF$

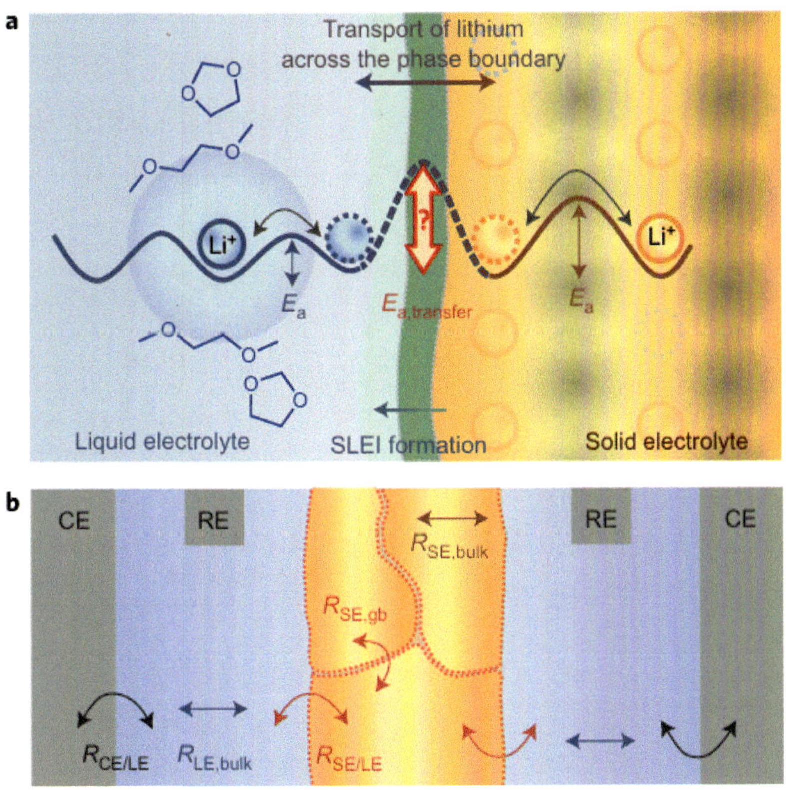

▲ 그림 LE/SE의 계면을 통과하는 Li^+ 이온의 모습
(출처: https://doi.org/10.1038/nchem.2470)

온도 변화는 고체-액체 복합 전해질의 상변화에 큰 영향을 미친다. 고온에서는 액체 전해질이 증발하거나 화학적으로 분해되기 쉬우며, 이로 인해 고체 전해질 표면의 이온 전도 경로가 단절될 가능성이 커진다. 반대로 저온에서는 액체 전해질의 점도가 증가하여 리튬 이온의 이동이 제한되고, 고체 전해질과의 계면 접촉이 약화될 수 있다. 이러한 문제를 해결하기 위해 고체 전해질의 미세구조를 최적화하거나, 액체 전해질의 화학적 조성을 조정하는 연구가 진행되고 있다.

또한, 고체 전해질 자체의 구조적 안정성도 중요한 요소다. 충·방전 과정에서 고체 전해질은 미세한 팽창과 수축을 겪을 수 있으며, 이는 고체-액체 계면에서 응력을 유발할 수 있다. 이러한 응력은 계면 접촉 손실(contact loss)을 초래하며, 이는 리튬 이온 이동 경로의 불연속성과 전지 성능 저하로 이어질 수 있다. 이를 완화하기 위해 고체 전해질의 표면을 화학적 또는 물리적으로 처리하여 계면 반응성을 제어하는 전략이 제안되고 있다.

고체-액체 복합 전해질의 상변화를 최소화하기 위한 기술적 접근도 활발히 연구되고 있다. 첫째, 고체 전해질의 표면을 화학적 처리하거나 얇은 코팅층을 도입하여 계면 안정성을 높이는 전략이 주목받고 있다. 세라믹 기반 고체 전해질(예: LLZO, LATP)의 경우, 표면에 폴리머 코팅(예: poly(tetraglyme), PEG)을 적용하면 전극과 전해질 간의 부반응을 억제할 수 있다. 이러한 코팅은 고체 전해질과 액체 전해질 간의 계면 반응을 완화하고, 안정적인 리튬 이온 이동 경로를 유지하는 데 효과적이다.

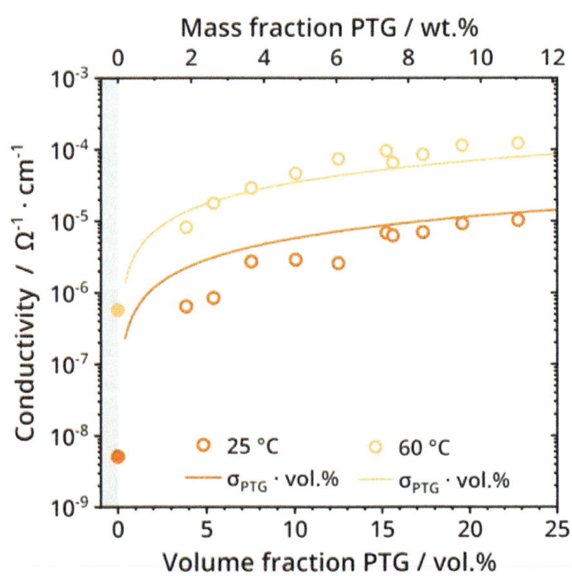

▲ 그림 LATP의 표면에 poly(tetraglyme)(PTG)를 코팅한 복합 전해질의 이온 전도도
(출처: https://iopscience.iop.org/article/10.1149/1945-7111/aca125/meta)

둘째, 액체 전해질의 조성을 최적화하거나 첨가제를 활용하는 방식도 상변화를 억제하는 데 중요한 역할을 한다. 적절한 첨가제를 통해 액체 전해질의 화학적 안정성을 강화하고, 계면에서 발생할 수 있는 비활성 상의 형성을 방지할 수 있다. 예를 들어, 액체 전해질의 함량, 또는 리튬염 농도 및 용매 조성을 조정하면 액체 전해질의 분해를 최소화할 수 있으며, 계면에서의 이온 전도 경로를 안정적으로 유지할 수 있다.

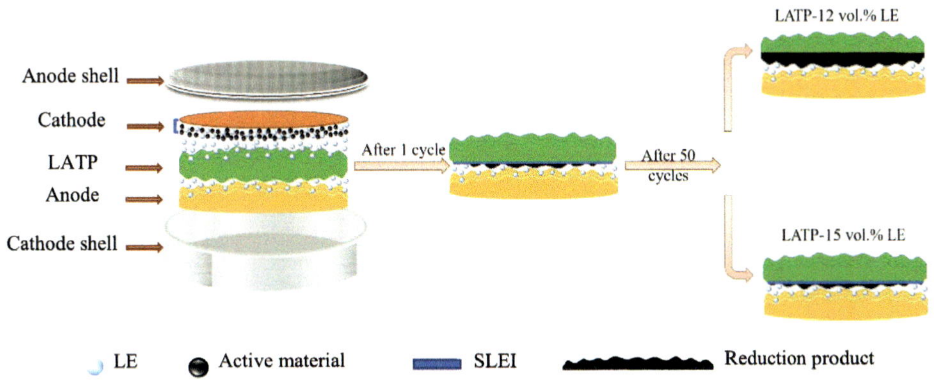

▲ 그림 LE의 함량에 따른 형태 변화 차이
(출처: https://doi.org/10.1021/acsami.0c19671)

(4) 분리막의 상변화

분리막은 리튬 이차전지의 필수 구성 요소로, 양극과 음극을 물리적으로 분리하면서도 리튬 이온이 통과할 수 있는 경로를 제공한다. 일반적으로 폴리올레핀 계열(예: 폴리프로필렌(PP) 또는 폴리에틸렌(PE))로 제조되며, 높은 기계적 강도와 전기화학적 안정성을 갖추고 있다. 그러나 충·방전 과정과 고온, 전류 밀도 증가 등과 같은 가혹한 작동 조건에서 분리막은 구조적, 화학적 변화를 경험할 수 있다.

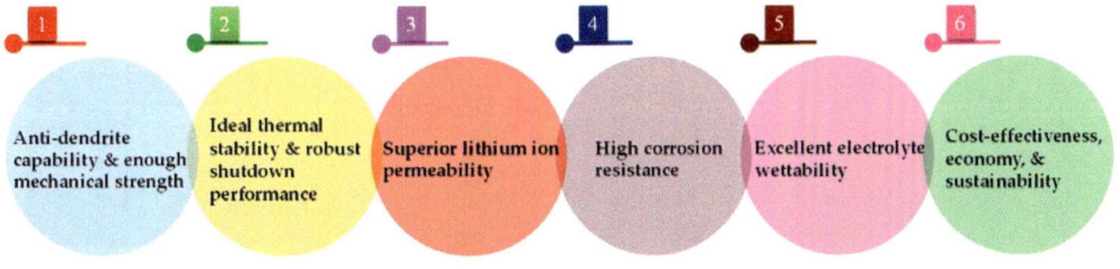

▲ 그림 분리막 개발 시의 요구 조건
(출처: https://doi.org/10.3390/polym15183690)

❶ 분리막의 구조적 상변화

고온 환경은 분리막에 가장 큰 도전 과제를 제기한다. 일반적으로 분리막의 주재료로 사용되는 폴리에틸렌과 같은 열적으로 민감한 소재는 약 130 ℃ 이상의 온도에서 용융하기 시작하며, 이로 인해 다공성 구조가 붕괴하거나 변형될 가능성이 크다. 이러한 구조적 변화는 리튬 이온 이동 경로를 차단하고, 전극 간의 직접적인 접촉을 유발해 전기적 단락과 열폭주로 이어질 수 있다. 열폭주는 전지 내부의 온도를 급격히 상승시키며, 최악의 경우 화재나 폭발로 발전할 수 있어 사용자의 안전을 심각하게 위협한다. 이러한 열적 문제는 특히 대형 에너지 저장 시스템이나 전기차와 같은 고출력 환경에서 더욱 심각한 문제로 작용한다.

높은 전류 밀도 조건 역시 분리막에 물리적 손상을 가하는 주요 원인이다. 충·방전 과정에서 전극의 부피가 팽창과 수축을 반복하며, 이로 인해 분리막에 비대칭적이고 국소적인 물리적 응력이 발생한다. 이러한 응력은 분리막 표면에 균열이나 손상을 초래하며, 전극 간의 전기적 단락 가능성을 높인다. 특히 리튬 금속 전극을 사용하는 경우, 리튬 덴드라이트가 성장하여 분리막을 관통할 가능성이 있다. 리튬 덴드라이트는 분리막의 물리적 장벽을 훼손해 전극 간의 직접 접촉을 유발하며, 이는 전지 성능을 저하할 뿐만 아니라 안전 문제를 심화시킨다.

이러한 문제를 해결하기 위해 다양한 기술적 접근이 연구되고 있으며, 그중 세라믹 코팅 기술은 분리막의 구조적 안정성을 강화하는 대표적인 방법으로 주목받고 있다. 세라믹 코팅은 분리막 표면에 얇고 균일한 층으로 적용되어 고온 환경에서도 분리막의 형태를 안정적으로 유지할 수 있도록 돕는다. 세라믹 물질은 본질적으로 높은 열적 안정성과 낮은 열팽창 계수

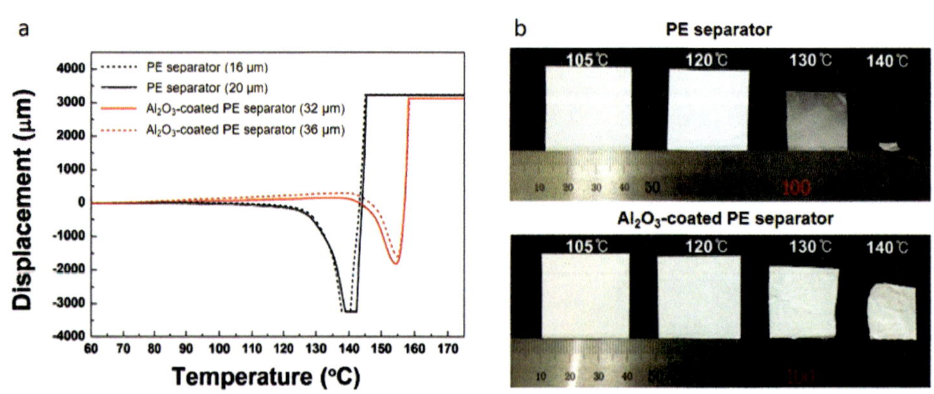

▲ 그림 Al_2O_3가 코팅된 PE 분리막의 열적 특성 향상
(출처: https://doi.org/10.1016/j.powtec.2017.07.027)

를 가지며, 열적으로 민감한 폴리올레핀 기반 분리막을 보호하는 데 효과적이다. 또한, 세라믹 코팅은 충·방전 과정에서 발생하는 물리적 응력을 분산시키며, 분리막의 다공성 구조를 안정화하여 리튬 이온 이동 경로를 보존한다. 코팅 두께는 설계 요구에 따라 조정될 수 있으며, 이는 전지의 이온 전도성, 내부 저항, 열적 안정성에 직접적인 영향을 미친다.

세라믹 코팅 기술의 효과는 사용되는 세라믹 입자의 형태와 크기에 따라 크게 달라질 수 있다. 이를 적절히 설계하는 것은 분리막의 구조적 안정성과 전기화학적 성능을 최적화하는 데 중요한 역할을 한다. 세라믹 입자는 나노와이어(1D), 박막(2D), 다공성 구조(3D) 등 다양한 형태로 설계될 수 있으며, 각각의 형태는 전지 작동 환경에서 서로 다른 특성과 장점을 제공한다.

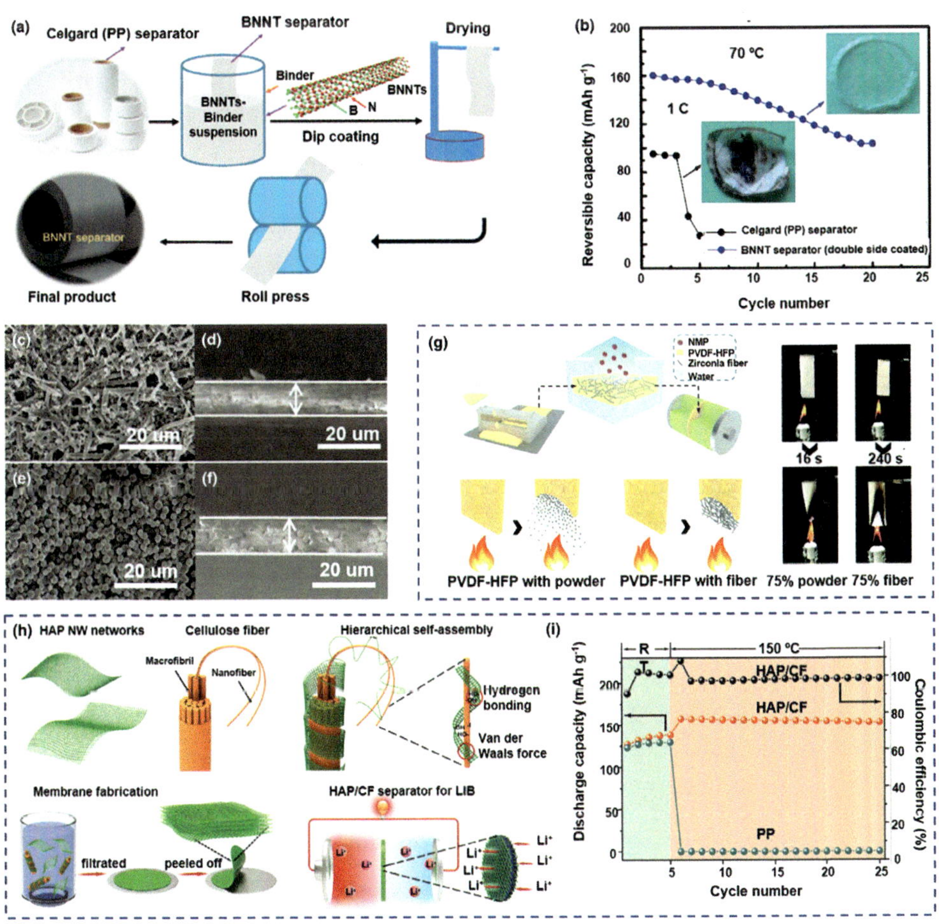

▲ 그림 세라믹 나노와이어(1D)를 분리막에 적용한 연구 사례
(출처: https://doi.org/10.1002/eem2.12129)

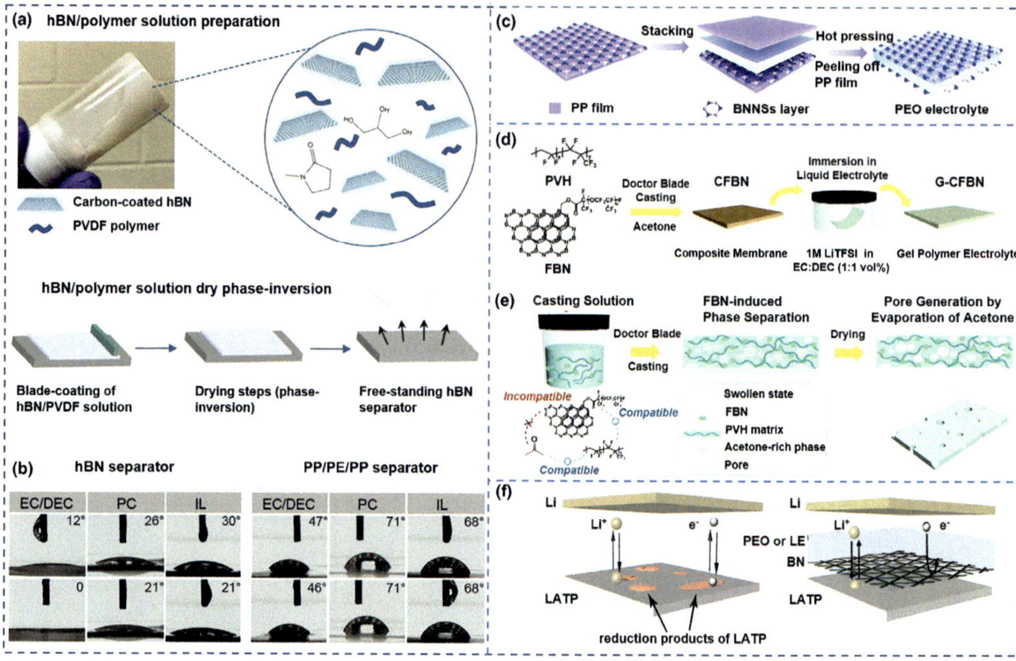

▲ 그림 세라믹 나노시트(2D)를 분리막에 적용한 연구 사례
(출처: https://doi.org/10.1002/eem2.12129)

예를 들어, 나노와이어 형태의 세라믹 입자는 분리막의 기계적 지지력을 높이는 데 매우 효과적이다. 나노와이어는 세라믹의 강도와 유연성을 동시에 활용하여 충·방전 과정에서 발생하는 물리적 응력을 균일하게 분산시키며, 국소적인 응력 집중을 방지한다. 이는 분리막이 장기적인 사용 주기 동안 균열 없이 안정적으로 작동할 수 있도록 돕는다. 박막 형태의 세라믹 코팅은 고온 환경에서 분리막의 열적 안정성을 유지하는 데 유리하며, 분리막 표면에 균일하게 적용되어 과도한 열축적을 방지한다. 다공성 구조의 세라믹 코팅은 분리막 표면에 3차원적인 구조를 형성하여 물리적 응력과 열팽창을 완화하는 데 적합하다. 다공성 구조는 리튬 이온 이동 경로를 안정적으로 유지하면서 전지 내부의 응력 분산에 효과적으로 작용한다.

세라믹 입자의 다양한 형태는 전지의 작동 조건과 요구되는 성능에 따라 최적화되어야 한다. 예를 들어, 고온 환경에서는 박막 형태의 세라믹 코팅이 효과적일 수 있으며, 높은 물리적 응력이 예상되는 환경에서는 나노와이어 형태가 더 적합할 수 있다. 다공성 구조는 충·방전 과정에서 물리적 변형이 반복되는 조건에서 유리하며, 응력을 완화하고 구조적 손상을 방지하는 데 핵심적인 역할을 한다.

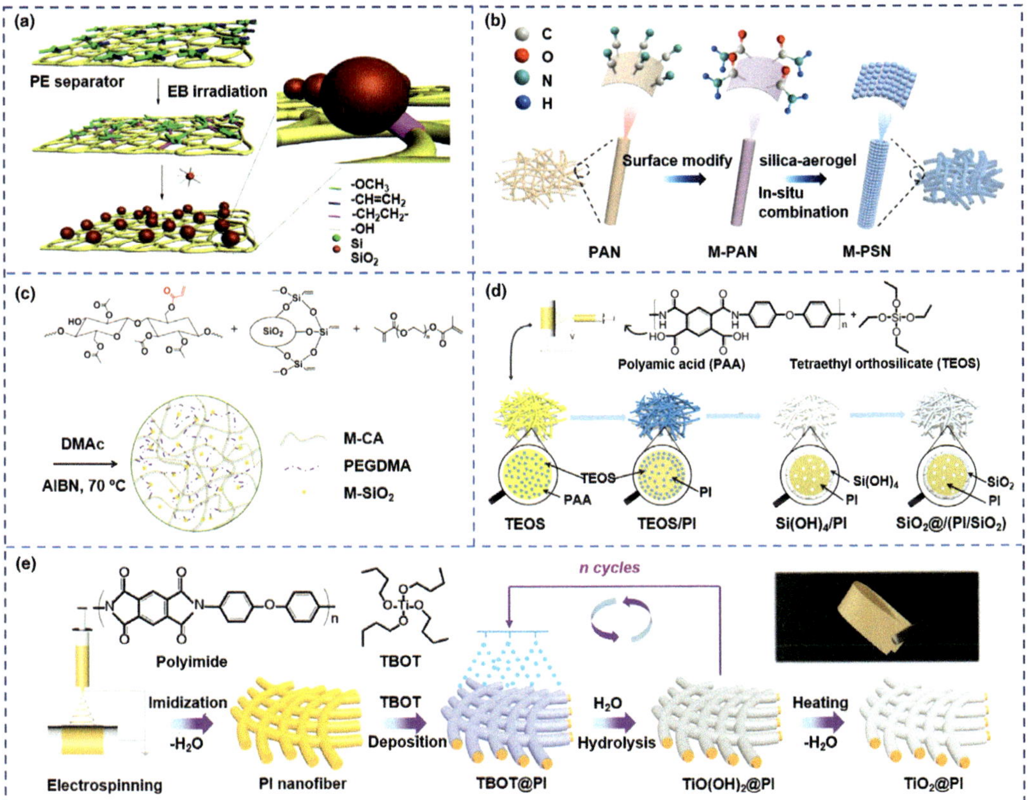

▲ 그림 세라믹 나노입자의 다양한 도입 방법
(출처: https://doi.org/10.1002/eem2.12129)

분리막의 다공성 구조를 정밀하게 설계하는 제조 공정 또한 분리막의 성능을 좌우하는 중요한 요소다. 분리막의 기공 크기와 분포는 리튬 이온 이동 경로의 안정성을 결정하며, 이를 균일하게 설계하면 전지의 전기화학적 성능이 안정적으로 유지될 수 있다. 균일한 기공 크기는 리튬 이온 이동을 일정하게 유지하여 전지 내부에서 국소적인 저항 증가나 과열 문제를 예방한다. 제조 공정에서는 용매의 선택과 제어, 특정 첨가제의 활용, 전기 방사 기술 등이 사용된다. 용매와 첨가제를 조정하면 기공 크기와 분포를 최적화할 수 있으며, 이러한 조정은 분리막의 기계적 강도와 이온 전도성 사이의 균형을 맞추는 데 효과적이다. 특히, 전기 방사 기술은 균일한 다공성 구조를 가진 분리막을 제작하는 데 적합하며, 세라믹 코팅과 결합하여 추가적인 안정성을 제공할 수 있다.

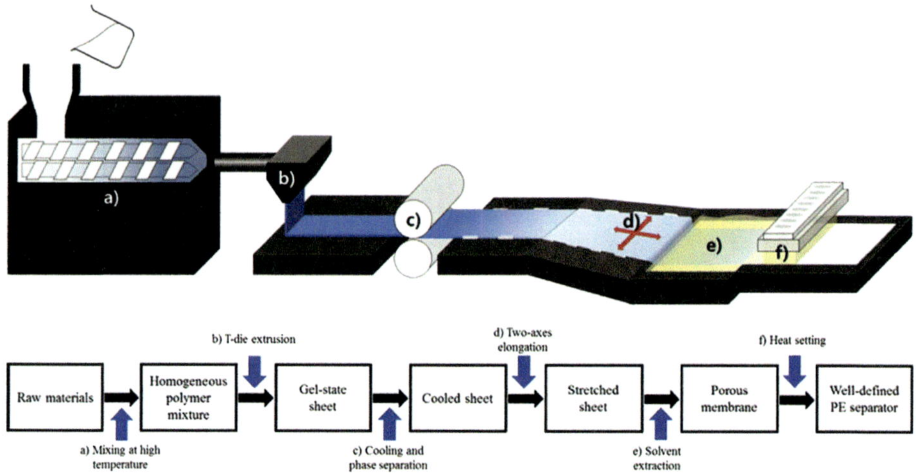

▲ 그림 분리막의 일반적인 제조 공정
(출처: https://doi.org/10.1016/j.jpowsour.2016.06.094)

PE	Diluent	Extractant	Membrane Morphology		Controlled Parameters
HDPE	DOP/isoparaffin		Pore size	PE/DOP: 0.17 μm PE/isoparaffin: 0.07 μm PE/(DOP/isoparaffin): 0.07–0.5 μm	Diluent mixing ratio.
HDPE	paraffin/PTMG	acetone	Pore size Porosity	0.2–12 μm 34–57%	Paraffin/PTMG mixing ratio and molecular weight of PTMG.
PE	mineral oil	Trichloroethylene	Porosity	5.9–53%	Pore dimensions increased by decreasing the surface tension and boiling point of the extractant.
PE	LP	ethanol	Pore sizes Porosity Thickness	3–5 μm 50–60% 100 μm	Pore size and porosity increased with higher quenching temperature and longer annealing time.
HDPE	1. DIDP 2. LP	ethanol/DIDP, hexane/LP	Structure	Asymmetric; hollow fiber	Pore size controlled by diluent type, increasing with higher molecular weight, shorter air gap distance and higher bath temperature.
			Thickness	160 μm	
			Pore size	HDPE25/DIDP: 0.35–0.40 μm HDPE13/DIDP: 0.23 μm HDPE25/LP: -	
	1. Pyrene 2. HMB	methanol for pyrene, acetone for HMB	Structure	LLDPE/pyrene: locally aligned layers LLDPE/HMB: plate-like	Microporous structure can be controlled by the type of the crystallizable diluents as well as the composition of the mixtures.
			Pore size	LLDPE/HMB > LLDPE/pyrene	
LDPE	Palm oil	hexane	Pore size Thickness	0.8–2.3 μm ≤400 μm	Increasing the polymer content decreases the pore size and water vapor permeability.
HDPE	1. TEPTEH 2. paraffin oil	ethanol	Thickness	300 μm	Diluent composition and its mixing ratio
			Pore size	PE/TEPTEH: 2.5 μm PE/PO: 0.3 μm PE//(TEPTEH/PO): 0.3–2.5 μm	
			Porosity	PE/TEPTEH: 42.5% PE/PO: 32% PE//(TEPTEH/PO): 32–42.5%	
HDPE	1. SBO 2. DOP	acetone	Pore size	PE/DOP: 0.2 μm PE/SBO: 0.6 μm PE/SBO/DOP: 1.2 μm	Pore size increases with increasing phase separation temperature and by controlling the diluent mixture.
HDPE	EVA	xylene	Structure	PE: EVA (60:40): interpenetrating network PE: EVA (50:50): co-continuous PE: EVA (30:70): domain/matrix	Blend composition, final process temperature, and cooling rate.
HDPE	PP/clay platelets/SEPS		Structure	asymmetric and co-continuous	Two melt blending methods and diluent-mixture.
			Pore size	PP/HDPE: 6.46 μm PP/HDPE/SEPS: 3.82 μm PP/HDPE/SEPS/clay: 2.02–2.96 μm	
LLDPE	OPE/p-xylene		Structure	PE: smooth surface PE/OPE: fibrous	Viscosity (increasing OPE led to viscosity reduction of the blends).
HDPE	PE-b-PEG/DPE	ethanol	Thickness	100 μm	Mixing ratio of PE-b-PEG.
			Pore size	HDPE/DPE: 1.32 μm HDPE/DPE/PE-b-PEG (5 wt.%): 2.25 μm HDPE/DPE/PE-b-PEG (10 wt.%): 2.67 μm HDPE/DPE/PE-b-PEG (20 wt.%): 3.80 μm	

▲ 표 용매의 종류 변경에 따른 PE의 형태 변화
(출처: https://doi.org/10.3390/polym11081310)

다기능성 분리막의 개발은 전지 설계에 중요한 변화를 가져오고 있다. 다기능성 분리막은 단순히 리튬 이온 이동 경로를 제공하고 전기적 단락을 방지하는 전통적인 역할을 넘어, 열적 안정성, 화재 방지, 전기화학적 성능 유지 등 다양한 특성을 통합적으로 제공한다. 예를 들어, 특정 온도에 도달하면 스스로 작동을 중단하는 스마트 분리막은 과열로 인한 위험을 줄이는 데 효과적이다. 이러한 스마트 분리막은 열적으로 민감한 물질을 포함하거나 온도에 따라 특성이 변화하는 소재를 사용하여 설계된다. 또한, 리튬 덴드라이트 성장을 억제하는 물질이 포함된 다기능성 분리막은 전지의 장기적 안정성을 보장하며, 반복적인 충·방전 과정에서도 일관된 성능을 유지할 수 있다. 이러한 분리막은 특히 고출력 전지나 대형 에너지 저장 시스템과 같은 응용 분야에서 유망한 해결책으로 평가받고 있다.

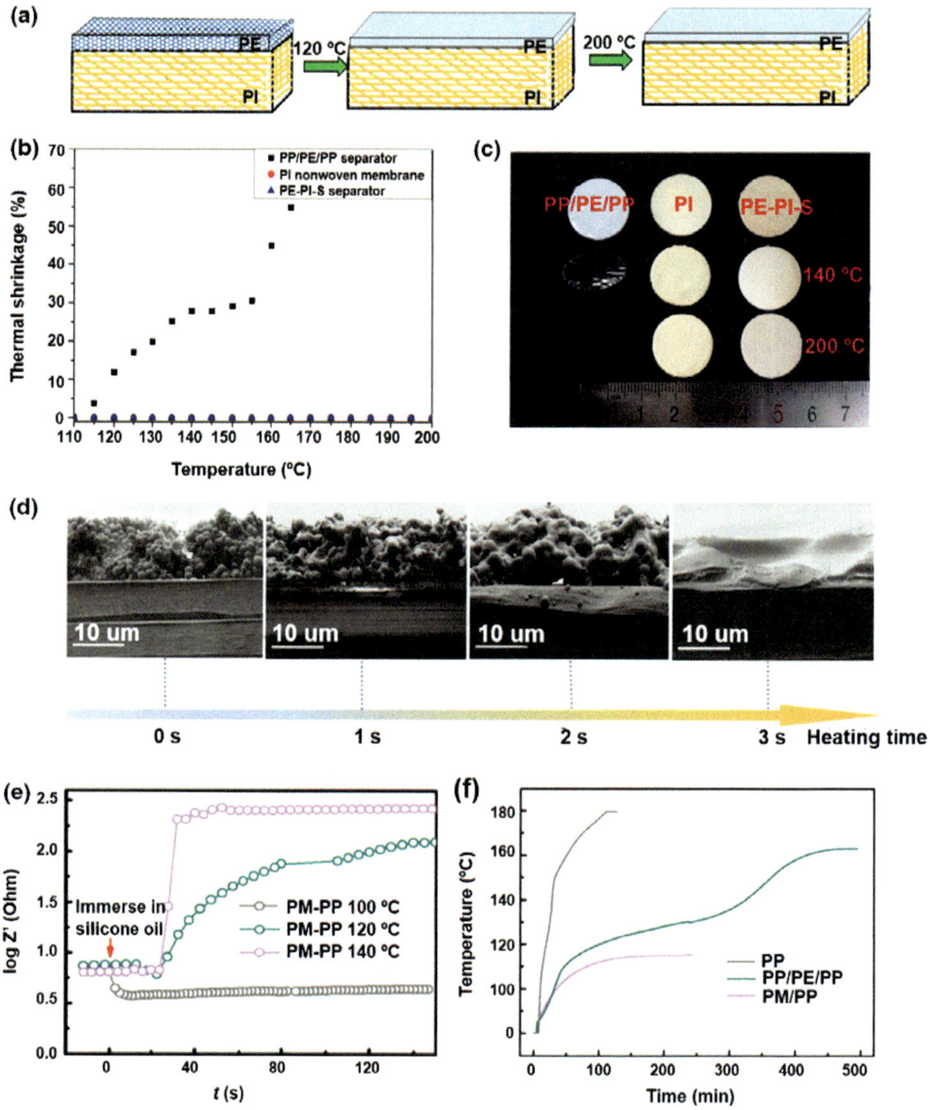

▲ 그림 열적 셧다운(thermal shutdown) 소재를 적용한 스마트 분리막 (1)
(출처: https://doi.org/10.1002/eem2.12129)

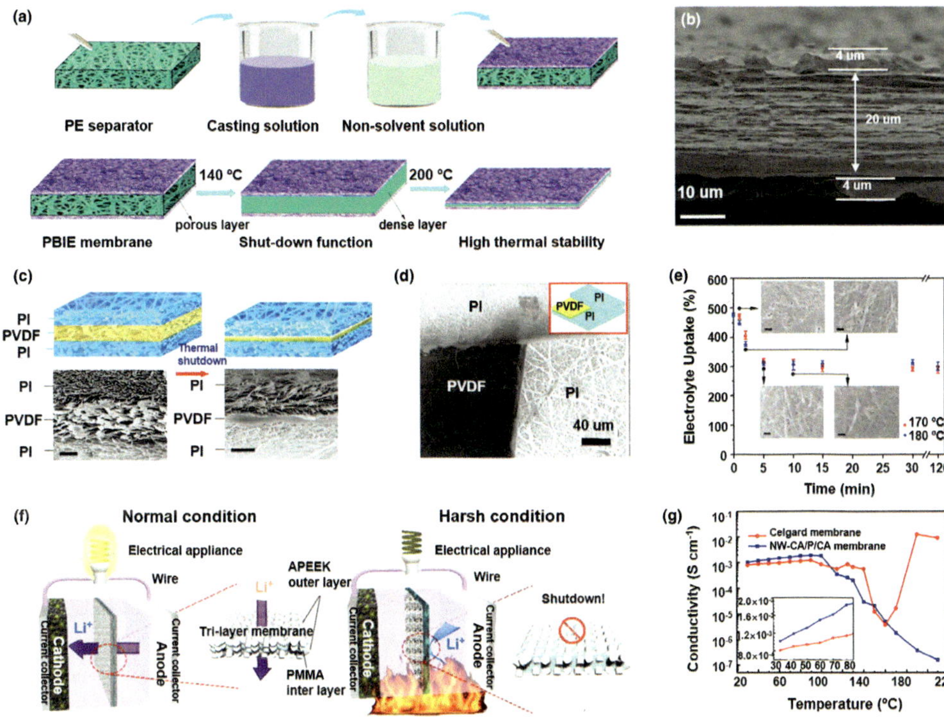

▲ 그림 열적 셧다운(thermal shutdown) 소재를 적용한 스마트 분리막 (2)
(출처: https://doi.org/10.1002/eem2.12129)

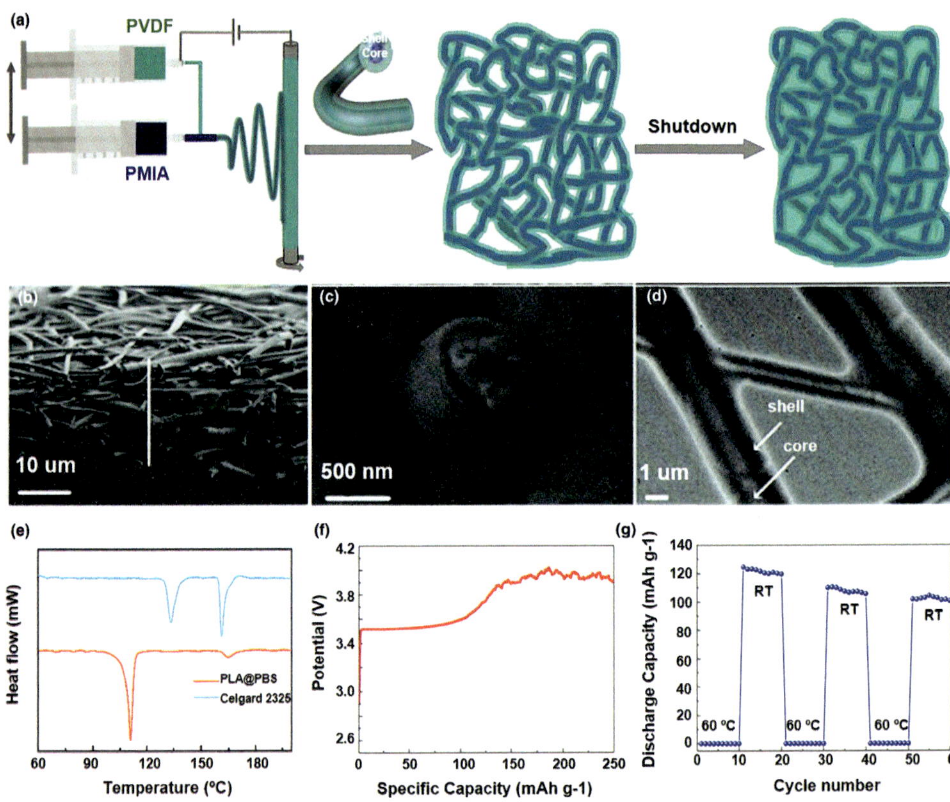

▲ 그림 열적 셧다운(thermal shutdown) 소재를 적용한 스마트 분리막 (3)
(출처: https://doi.org/10.1002/eem2.12129)

❷ 분리막의 화학적 상변화

리튬 이차전지에서 분리막은 전해질 및 전극과의 상호작용에서 발생하는 화학적 상변화로 인해 성능, 안정성, 그리고 장기적인 신뢰성에 영향을 받을 수 있다. 특히 고온 및 고전압 조건에서는 전해질 분해 산물이 생성되고, 계면에서 화학적 반응성이 증가하며, 이러한 변화는 분리막의 화학적 안정성을 심각하게 손상시킬 수 있다. 이를 해결하기 위해 소재의 개선, 공정의 최적화, 그리고 혁신적인 설계 기술이 적극적으로 연구되고 있다.

기존의 폴리올레핀 기반 분리막은 경제성과 가공성 측면에서 유리하지만, 낮은 열적 안정성과 전해질 분해 산물에 대한 낮은 내성이 단점으로 작용한다. 이를 보완하기 위해 Poly(vinylidene fluoride) (PVDF)와 같은 불소화 폴리머가 새로운 대안으로 떠오르고 있다. PVDF는 본질적으로 높은 극성과 뛰어난 열적 안정성을 제공하며, 전해질과의 상호작용에서도 우수한 화학적 안정성을 유지한다. 이는 PVDF의 구조에 포함된 불소 원자가 높은 전기 음성도를 가지며, 산화·환원 반응과 전해질 분해 산물 축적을 효과적으로 억제하기 때문이다.

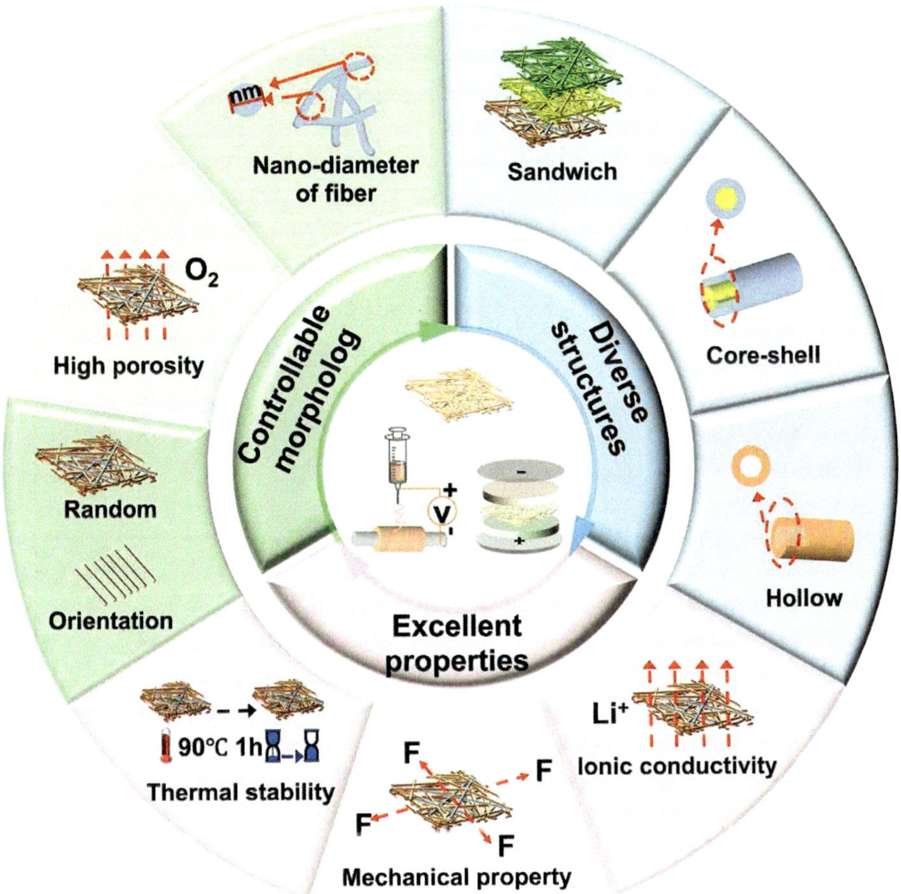

▲ 그림 PVDF 계열 분리막의 특징
(출처: https://doi.org/10.3390/polym16202895)

특히, Poly(vinylidene fluoride-co-hexafluoropropylene) (PVDF-HFP)와 같은 공중합체는 우수한 유연성과 화학적 내구성을 제공하는 특성으로 인해 리튬 이차전지 분리막 소재로 주목받고 있다. PVDF-HFP는 PVDF와 HFP의 조합으로 이루어져, PVDF의 높은 극성과 강한 화학적 안정성을 유지하면서도 HFP의 낮은 결정성으로 인해 유연성과 전해질 흡수 성능이 향상된다. 이 공중합체는 리튬 이온 이동 경로의 안정성을 유지할 뿐만 아니라, 분리막이 고온 및 고전압 환경에서도 신뢰성을 갖춘 성능을 발휘할 수 있도록 돕는다.

PVDF-HFP는 전지 작동 중에 발생할 수 있는 다양한 화학적 변화에 효과적으로 대응할 수 있다. 예를 들어, 고온 환경에서 전해질이 분해되며 생성되는 유기 화합물이나 활성 산소와 같은 화학종이 분리막에 미치는 영향을 최소화한다. 이는 PVDF-HFP의 우수한 화학적 내구성 덕분에 가능한데, HFP의 비결정성 구조가 전해질과의 상호작용을 강화하여 높은 전해질 흡수율을 제공하고, 리튬 이온 이동을 원활하게 한다. 이러한 특성은 전지의 충·방전 과정에서 내부 저항 증가를 억제하며, 열 발생 및 국소적인 전기적 불안정을 줄이는 데 유리하다.

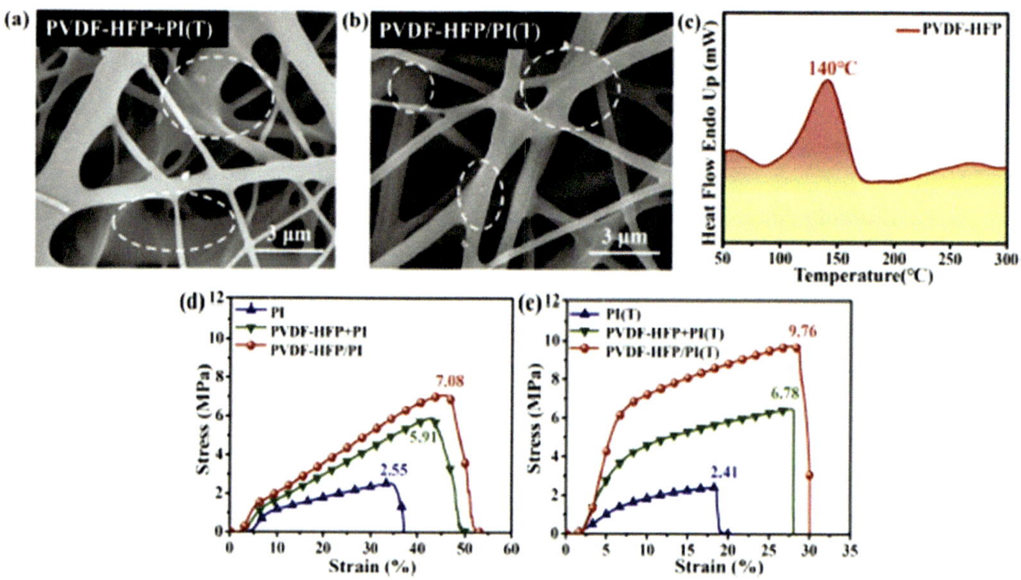

▲ 그림 PVDF-HFP를 분리막에 도입한 연구 사례
(출처: https://doi.org/10.1016/j.surfin.2022.101977)

전기방사 기술은 리튬 이차전지 분리막의 제조에 혁신적인 변화를 가져온 방법으로, 특히 화학적 안정성을 개선하는 데 매우 효과적이다. 이 기술은 고분자 용액이나 용융체를 전기장을 활용해 나노섬유 형태로 제작하는 방식으로, 균일한 기공 구조와 넓은 표면적을 가진 분리막을 생산할 수 있게 한다. 이를 통해 전해질 흡수 성능이 크게 향상되며, 리튬 이온 이동 경로의 일관성이 보장된다.

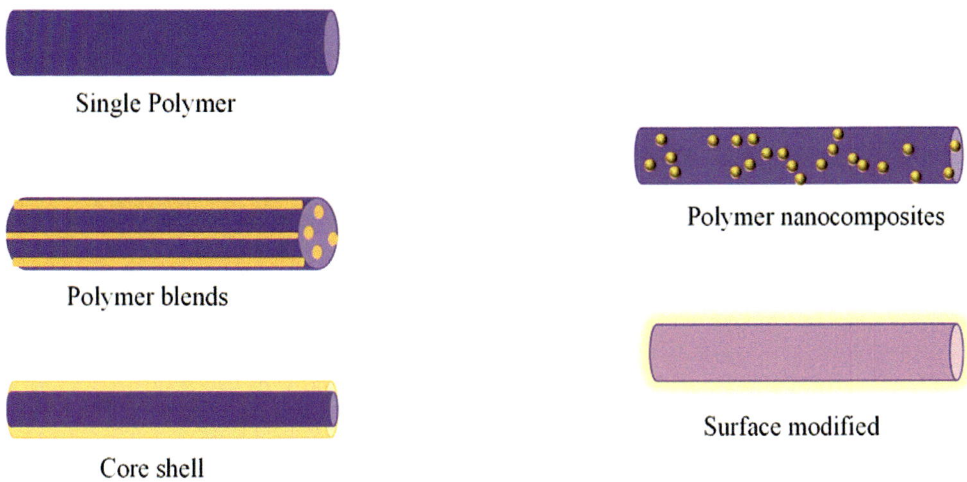

▲ 그림 전기방사 섬유의 다양한 구조
(출처: https://doi.org/10.1016/j.surfin.2022.101977)

전기방사로 제작된 나노섬유 기반 분리막은 기존 분리막 제조 공정으로는 구현하기 어려운 정밀한 기공 설계를 가능하게 한다. 기공 크기와 분포는 이온 전도성과 직접적으로 연결되며, 이를 균일하게 설계함으로써 전지 내부의 에너지 전달 효율을 유지할 수 있다. 지나치게 작은 기공은 전해질 침투를 방해하고, 지나치게 큰 기공은 이온 이동 경로를 불규칙하게 만들어 전지 성능에 부정적인 영향을 미칠 수 있다. 따라서 전기방사 기술을 활용한 정밀한 기공 설계는 전지의 장기적 안정성과 성능 유지에 중요한 역할을 한다.

또한, 나노섬유 형태는 높은 비표면적과 균일한 구조를 제공하여 전해질과의 상호작용을 극대화한다. 이를 통해 전해질 흡수율이 증가하며, 리튬 이온이 전극 간을 원활하게 이동할 수 있도록 돕는다. 나노섬유의 물리적 유연성은 충·방전 과정에서 발생하는 기계적 응력에도 강한 저항력을 제공하여, 전지의 물리적 안정성을 유지하는 데 유리하다. 특히, 이러한 특성은 장기적인 사용 주기 동안 전지 성능 저하를 줄이는 데 크게 도움을 준다.

전기방사 기술은 또한 전해질 분해로 인한 부산물이 분리막에 축적되는 것을 방지하는 데 효과적이다. 고다공성 나노섬유 구조는 활성 산소와 같은 부산물이 분리막 내부에 쌓이는 것을 막아 화학적 상변화와 관련된 문제를 최소화한다. 이는 전지 내부에서 열 폭주 가능성을 낮추고, 안전성을 크게 높인다.

더불어, 나노섬유 기반 분리막은 복합 소재와 결합하여 성능을 더욱 강화할 수 있다. 예를 들어, PVDF 기반 나노섬유 분리막에 세라믹 나노필러를 도입하면, 화학적 안정성과 열적 안정성이 크게 증가한다. 이러한 복합 구조는 전지 작동 중 열적 팽창을 억제하고, 반복적인 충·방전에도 구조적 변형을 최소화한다. 세라믹 나노필러는 전해질 분해 산물의 축적을 억제하며, 전지의 장기적 안정성을 보장하는 중요한 역할을 한다.

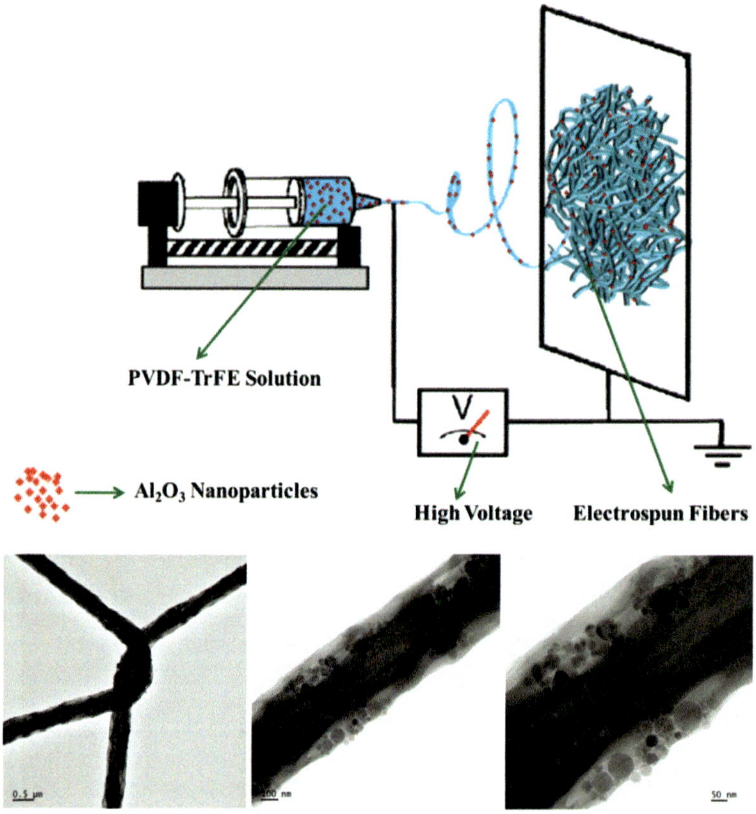

▲ 그림 Al_2O_3 세라믹 입자를 포함한 poly(vinylidenefluoride–trifluoroethylene) (PVDF–TrFE) 전기 방사 섬유의 모습 (출처: https://doi.org/10.1039/C8NJ01907J)

전기방사 기술은 기공 크기, 나노섬유 직경, 배열 등을 정밀하게 조정할 수 있는 점에서도 강점을 가진다. 이러한 정밀한 조정은 분리막의 이온 전도성과 물리적 강도를 동시에 향상해, 전지 내부에서 발생할 수 있는 국소적인 화학 반응과 물리적 스트레스를 완화한다. 특히, 이 기술은 고성능 전지가 필요한 다양한 응용 분야에서 새로운 가능성을 열어주며, 차세대 전지 시스템의 핵심 기술로 자리매김하고 있다.

본 교재는 리튬 이차전지 설계와 성능 최적화에 필요한 이론적 기반을 제공하며, 이를 통해 실질적인 배터리 설계와 운영에 큰 도움을 줄 수 있다. 첨단 에너지 저장 기술의 핵심인 리튬 이차전지는 고효율, 고안정성, 장수명이라는 목표를 달성하기 위해 물리적, 화학적, 열역학적 원리의 심도 깊은 이해를 필요로 한다. 본 교재에서 다룬 주요 내용을 바탕으로, 이차전지 설계에 실질적으로 기여할 수 있는 요소들을 다음과 같이 정리할 수 있다.

(1) 에너지 변환 메커니즘의 이해

본 교재는 이차전지 설계와 최적화를 위한 이론적 기반을 제공하며, 전기화학적 반응을 중심으로 배터리의 에너지 변환 과정을 체계적으로 이해할 수 있도록 돕는다. 이를 통해 설계자는 다음과 같은 주요 측면에서 실질적인 도움을 받을 수 있다.

① 전기화학적 반응의 원리 이해

산화와 환원 반응이 전자의 이동과 전류 생성에 어떻게 기여하는지를 학습함으로써, 전극 물질 선택과 전지 설계의 방향성을 설정할 수 있다. 이 과정은 배터리의 기본 작동 원리를 정확히 이해하는 데 필수적이다.

② 설계 조건 최적화에 필요한 이론적 도구 제공

깁스 자유에너지와 전압 간의 관계를 통해 반응의 자발성을 정량적으로 평가하고, 최적의 온도, 압력, 전압 조건을 결정할 수 있다. 이는 배터리의 성능과 수명을 극대화하는 데 중요한 기준이 된다.

③ 설계 전략 수립 지원

본 교재에서 다루는 이론적 지식은 전극 물질 및 전해질 조성, 반응 조건 등을 최적화하기 위한 설계 전략 수립에 실질적인 도움을 준다. 예를 들어, 배터리 효율성을 높이기 위해 어떤 물질 조합과 환경 조건이 적합한지를 학습자에게 제시한다.

④ 실질적인 문제 해결 능력 향상

이차전지 설계 시 직면할 수 있는 전압 손실, 반응 속도 저하, 내부 열 축적 등의 문제를 해결하는 데 필요한 이론적 근거를 제공한다. 이를 통해 설계자는 특정 문제를 진단하고 적절한 개선 방안을 도출할 수 있다.

(2) 열역학적 관점에서의 설계 지침

이차전지 설계에서는 시스템의 안정성과 반응의 자발성을 동시에 고려해야 하며, 이는 열역학적 분석을 통해 가능하다. 본 교재는 엔탈피(H)와 엔트로피(S) 개념을 바탕으로 배터리 내부에서 에너지가 어떻게 이동하고 분포되는지 설명하고, 이를 통해 설계자에게 필요한 실질적인 지침을 제공한다. 이러한 열역학적 이해는 이차전지의 안정성, 효율성, 성능을 최적화하는 데 핵심적인 역할을 한다.

① 발열과 흡열 반응의 제어

이차전지 설계에서 발열과 흡열 반응은 시스템 안정성과 직결되는 중요한 요소이다. 발열 반응은 배터리 내부에서 화학 반응이 진행되는 동안 방출되는 에너지가 시스템 온도를 상승시키는 과정으로, 과도한 열 축적은 열폭주와 같은 심각한 안정성 문제를 유발할 수 있다. 반면, 흡열 반응은 배터리가 충전 과정에서 외부로부터 에너지를 흡수하는 과정으로, 시스템 온도를 낮출 수 있으나 에너지 변환 과정이 비효율적일 경우 성능 저하로 이어질 수 있다. 본 교재는 발열과 흡열 반응을 효과적으로 제어하기 위한 열 관리 전략을 제시하며, 열 방출 설계와 냉각 장치의 최적화를 통해 배터리의 안정성을 확보할 수 있는 방법을 설명한다.

② 에너지 저장 용량 최적화

배터리의 에너지 저장 용량은 깁스 자유에너지 변화(ΔG)에 의해 결정된다. ΔG는 배터리 내에서 화학 반응이 자발적으로 진행될 가능성과 에너지를 저장하거나 방출할 수 있는 능력을 나타낸다. 본 교재는 ΔG를 기반으로 에너지 밀도와 전력 밀도를 평가하며, 고밀도 전지 설계를 위한 이론적 근거를 제공한다. 이를 통해 설계자는 배터리의 물질 선택과 반응 조건을 조정하여 에너지 저장 용량을 극대화할 수 있다. 또한, 에너지 밀도와 전력 밀도의 균형을 유지하는 방법을 학습함으로써 효율적이고 고성능 배터리 설계를 지원한다.

③ 충 · 방전 효율 분석

충·방전 과정에서 발생하는 전압 손실은 배터리 효율에 직접적인 영향을 미친다. 본 교재는 ΔG와 네른스트 방정식을 활용하여 충·방전 과정에서의 전압 손실을 정량적으로 분석하는 방법을 제시한다. ΔG는 배터리 반응의 자발성과 전압 간의 관계를 설명하며, 네른스트 방정식은 반응물과 생성물 농도의 변화가 전지 전압에 미치는 영향을 상세히 분석한다. 이를 통해 설계자는 전압 손실을 최소화하고 시스템 효율을 극대화하는 데 필요한 구체적인 전략을 수립할 수 있다.

④ 설계 지침의 실질적 적용

본 교재에서 제시한 열역학적 분석은 이차전지 설계와 운영의 다양한 측면에 실질적으로 적용될 수 있다. 예를 들어, 열 관리 시스템 설계를 통해 고출력 환경에서도 배터리의 안정성을 유지할 수 있으며, 최적화된 충·방전 프로토콜 개발로 에너지 손실을 줄이고 효율을 높일 수 있다. 또한, 전극 물질과 전해질 조성을 최적화하여 열역학적 안정성과 반응 자발성을 동시에 고려한 설계를 구현할 수 있다. 이러한 실질적 지침은 배터리 성능과 수명을 증가시키는 데 기여하며, 새로운 에너지 저장 기술 개발에도 응용될 수 있다.

(3) 시스템 평형 상태의 활용

본 교재는 이차전지 설계에서 시스템의 화학 평형, 열 평형, 압력 평형 개념을 활용하여 배터리 내부의 안정성을 높이는 방법을 제시한다.

① 화학 평형

화학 평형은 이차전지 내부에서 반응물과 생성물의 농도가 일정하게 유지되는 상태로, 배터리 시스템의 안정성을 설명하는 중요한 개념이다. 본 교재는 화학 평형의 원리를 통해 반응물과 생성물의 농도 비율을 조절함으로써 배터리 성능을 최적화하는 방법을 제시한다. 특히, 평형 상수(K)의 개념을 활용하여 반응의 자발성을 평가하고, 배터리 작동 조건을 최적화할 수 있는 지침을 제공한다. 이를 통해 설계자는 배터리의 효율을 높이고, 에너지 손실을 최소화하는 설계를 구현할 수 있다.

② 열 평형

열 평형은 배터리 내부에서 발생하는 열이 균일하게 분포하여 모든 부위의 온도가 일정하게 유지되는 상태를 의미한다. 본 교재는 화학 반응 중에 발생하는 열을 효과적으로 관리하여 배터리의 열적 안정성을 확보하는 방법을 설명한다. 특히, 열 평형은 고출력 배터리 설계와 열 폭주(thermal runaway) 방지에 필수적이다. 설계자는 열 관리 시스템을 최적화하여 과도한 온도 상승을 방지하고, 안정적인 배터리 작동을 보장할 수 있다. 이를 통해 배터리의 수명과 안전성을 높일 수 있다.

❸ 압력 평형

압력 평형은 배터리 내부에서 압력이 균일하게 유지되어 구조적 안정성을 확보하는 상태를 의미한다. 본 교재는 배터리 작동 중에 발생할 수 있는 압력 변화를 분석하고, 이를 효과적으로 제어하는 설계 전략을 제시한다. 압력 평형을 유지하면 고온 환경에서도 배터리가 안정적으로 작동할 수 있으며, 구조적 손상을 방지할 수 있다. 설계자는 배터리 내부 압력을 모니터링하고 적절한 가스 방출 메커니즘을 설계함으로써 배터리의 안정성과 신뢰성을 높일 수 있다.

(4) 반응 동력학 기반의 설계 최적화

본 교재는 반응 속도와 활성화 에너지의 개념을 통해 이차전지의 반응 동력학적 특성을 분석하고, 이를 기반으로 최적화된 설계 방향을 제시한다.

❶ 반응 속도의 조절

배터리의 충·방전 속도는 반응 속도에 크게 의존하며, 반응물의 농도와 온도를 최적화함으로써 이를 효과적으로 제어할 수 있다. 반응물 농도를 조절하면 반응 효율성을 높일 수 있으며, 온도 조절은 반응 속도를 올려 충전 시간을 단축한다. 다만, 온도가 지나치게 높아질 경우 부반응을 유도할 위험이 있으므로 신중한 조정이 필요하다. 본 교재는 이러한 설계 조건의 조화를 통해 충·방전 효율을 높이는 방안을 제시한다.

❷ 활성화 에너지 감소

활성화 에너지는 화학 반응이 시작되는 데 필요한 최소 에너지로, 이를 줄이는 것은 효율적인 배터리 설계의 핵심 요소이다. 본 교재는 촉매와 전해질의 특성을 개선함으로써 활성화 에너지를 낮추는 방법을 다룬다. 촉매는 화학 반응의 경로를 최적화하여 반응이 더 낮은 에너지 장벽에서 진행되도록 돕고, 전해질의 개선은 이온 이동성을 증가시켜 반응 속도를 높인다. 이를 통해 배터리는 에너지 변환 효율을 극대화하고, 충·방전 과정에서의 에너지 손실을 최소화할 수 있다.

(5) 네른스트 방정식을 활용한 전압 최적화

네른스트 방정식은 전지의 전압이 반응물과 생성물의 농도 변화에 따라 어떻게 변하는지를 정량적으로 설명하는 중요한 도구이다. 본 교재는 이 방정식을 활용하여 배터리 설계와 운영에서 효율성을 극대화하는 방법을 제시한다.

❶ 농도 변화 관리

배터리 내부에서 반응물과 생성물의 농도 비율은 전지 전압에 직접적인 영향을 미친다. 네른스트 방정식은 이 농도 변화와 전압 간의 관계를 수학적으로 표현하여 설계자가 최적의 전압을 유지하기 위한 구체적인 전략을 세울 수 있도록 돕는다. 이를 통해 배터리 작동 중에 농도 불균형으로 인한 성능 저하를 방지하고, 안정적인 전압을 유지함으로써 에너지 효율을 높일 수 있다.

❷ 전압 손실 분석

배터리의 방전 과정에서 발생하는 전압 손실은 효율성 저하의 주요 원인 중 하나이다. 네른스트 방정식은 이러한 전압 손실의 원인을 분석하는 데 유용하며, 농도 변화로 인해 발생하는 전압 강하를 정량적으로 평가할 수 있다. 이를 기반으로 설계자는 전압 손실을 최소화하기 위한 구체적인 조치를 설계에 반영할 수 있다. 예를 들어, 전극 물질의 선택이나 반응 조건의 조정 등을 통해 성능을 향상시킬 수 있다.

(6) 설계 및 운영에서의 응용 가능성

본 교재에서 제공하는 이론적 지식은 이차전지의 설계와 운영에 실질적으로 활용될 수 있는 다양한 가능성을 열어준다. 이차전지의 전극 물질 선택, 전해질 조성 최적화, 내부 구조 설계 등은 배터리 성능을 결정짓는 핵심 요소로, 교재에서 제시한 원리와 설계 지침을 통해 이러한 요소들을 효과적으로 개선할 수 있다. 예를 들어, 전극 물질의 산화환원 특성과 반응성을 기반으로 최적의 전극 조합을 설계하거나, 전해질의 물리·화학적 특성을 조정하여 이온 이동성을 향상시키는 방안이 제시된다.

또한, 열 관리 시스템 개발은 배터리의 안정성과 수명에 중요한 영향을 미치며, 교재는 열역학적 분석을 통해 발열 반응과 흡열 반응을 효과적으로 제어할 수 있는 설계 방향을 제공한다. 이를 통해 고출력 환경에서도 안전하고 효율적으로 작동하는 배터리를 설계할 수 있다.